SCIENCE
THE ENDLESS FRONTIER

科学
无尽的前沿

[美] 范内瓦·布什
（Vannevar Bush）

[美] 拉什·D. 霍尔特
（Rush D. Holt）著

崔传刚 译

中信出版集团 | 北京

图书在版编目（CIP）数据

科学：无尽的前沿 /（美）范内瓦·布什，（美）拉什·D. 霍尔特著；崔传刚译 . -- 北京：中信出版社，2021.5（2025.11重印）

书名原文：Science, the Endless Frontier

ISBN 978-7-5217-2959-7

Ⅰ . ①科… Ⅱ . ①范… ②拉… ③崔… Ⅲ . ①科学研究工作–研究–美国②技术经济学 Ⅳ . ① G327.12 ② F062.4

中国版本图书馆 CIP 数据核字（2021）第 048319 号

科学：无尽的前沿

著　　者：［美］范内瓦·布什　［美］拉什·D. 霍尔特
译　　者：崔传刚
出版发行：中信出版集团股份有限公司
（北京市朝阳区东三环北路27号嘉铭中心　邮编　100020）
承 印 者：北京盛通印刷股份有限公司

开　　本：880mm × 1230mm　1/32　　印　　张：7.5　　字　　数：135 千字
版　　次：2021 年 5 月第 1 版　　印　　次：2025 年 11 月第 23 次印刷
京权图字：01-2021-1095
书　　号：ISBN 978-7-5217-2959-7
定　　价：59.00 元

赞　誉

罗斯福总统的科技顾问范内瓦·布什在《科学：无尽的前沿》中提出要重视不以应用为目的的基础研究，面向长远，逐步摆脱了对欧洲基础科学研究的依赖，从此，美国基础科学研究远远领跑全球，形成若干重大突破。

任正非，华为创始人

范内瓦·布什是一位传奇科学家，他帮助美国在20世纪奠定了世界科技霸主的地位，他写的报告《科学：无尽的前沿》不仅是其科技思想的集中体现，而且是一份真正意义上得到执行的蓝图规划。这本书非常值得阅读，其中的观点非常值得思考。但值得思考的除了书里的内容，还包括这份报告出炉的方式和范内瓦·布什这样的人物存在的价值。当下中国，面临不一样的国际大环境，如何实现科技强国，需要智慧和做法。

施一公，西湖大学校长

如果只选一份决定了美国科研决策，而且影响至今的报告，则非《科学：无尽的前沿》莫属。要想了解美国的科研机制是如何运行的，为什么美国的科研既能得诺贝尔奖，又能产生高科技产品，就必须读这本书。

吴军，计算机科学家，硅谷投资人

数十年来，美国科学界和企业界一致公认，正是布什的伟大创见和极富感染力的精彩报告——《科学：无尽的前沿》为战后美国的国家创新体制和机制奠定了坚实的基础，这就好比美国国父、第一任财长汉密尔顿著名的《信用报告》和《制造业报告》奠定了美国金融业和制造业的坚实基础一样。

向松祚，著名经济学家

科研人员和组织有必要认真学习报告《科学：无尽的前沿》和导读《科学之议》。当今，并不是每个科技从业人员都知道现行政策背后的逻辑，也不见得了解当今世界科技局势的形成与此报告及其后续政策的关联。一旦清晰明了背后的逻辑，就会更清楚科学之路该怎么走、不能怎么走。明了科学发展的初心，明了可能产生的问题，也会更清楚如何更快地发展科学，不管是基础科学研究还是应用技术研究。如同布什报告中所言，国家的未来，将在很大程度上取决于运用科学的智慧。

华先胜，阿里巴巴副总裁，阿里达摩院城市大脑实验室负责人

美国的“大科学”在二战的大冲突中应运而生，它的发起人和指挥者范内瓦·布什以此文为大科学在和平时期的延续奠下思想和政策的基石。时过境迁，当今人类的文明和挑战有了不同的形式和内涵。在我所研究的量子计算领域，科学和工程、基础和应用化为一体；在跨国企业里探索前沿科技，更深刻感受到政策和科学各自蕴含的国界之有无，如光影共存；而生于今世，在数字化、全球化、去中心化等的时代潮流中，我们每个人都祈望能安全度过不平等、瘟疫、能源、气候等共同问题的险滩和断崖。今天读布什此文，不是为按图索骥，而是要把它放在历史的前因后果中，抽象出不变的原则，且尝试突破它的语言和概念体系，设想与时俱进的思路、机制和举措。

施尧耘，阿里达摩院量子实验室主任

70 多年来，关于《科学：无尽的前沿》的讨论、重温与修订从未停息。与其说它作为一个重要因素，引领了 20 世纪美国科学的高速发展，不如说它的意义远超出美国的范围——在高速发展的世俗世界中，它为科学划出了应许之地。

李笛，小冰公司 CEO，原微软亚洲互联网工程院副院长

如果要罗列过去近百年对全球科学发展有重大影响的作品，这份由范内瓦·布什根据美国总统富兰克林·罗斯福要求编撰的报告《科学：无尽的前沿》一定会榜上有名。虽然这份报告距今已经有 76 年的历史，但报告中陈述的观点以及解决问题的办法历久弥新，对当今全球的科学与技术发展仍然具有非常重要的指导意义。

韦青，微软中国 CTO

2021 年 1 月 16 日，还未正式宣誓就职的美国总统拜登，公布了其总统科学顾问团队和政府科学机构成员的任命，这个新团队将负责筹划美国未来 75 年的科技发展图景。拜登在任命信中给出了他关心的五个科学问题，并将此五问与 1944 年罗斯福向其科技顾问范内瓦·布什提出的四个问题类比。布什的回复就是这份报告——《科学：无尽的前沿》。这一报告为美国此后几十年的科学发展奠定了底层基础，使得美国迅速甩开欧洲成为全球科技强国并长期保持领先，尤其是开创出大政治推动下的大科学工程新范式，后来的阿波罗登月计划、人类基因组计划无不受益于此。这份报告虽然诞生于 76 年前，但历久弥新，常温常新。在提升国家创新能力、努力建设科技强国的当下，对培育全民性的科学思维，引导大家重视科学、尊重科学、发展科学，具有重要的指导意义。

尹烨，华大基因 CEO

我们需要有“敢为天下先”、“顶天立地”和“板凳能坐十年冷”的态度，利用自己掌握的最先进知识，进行源头核心技术系统创新，结合市场的需求创造出具有颠覆性的产品，然后被国际市场认可和接受。

胡郁，科大讯飞执行总裁

该书点中了中西科技差距的真穴，可惜没人意识到和承认这点。真希望能公开出版！

邓晓芒，华中科技大学哲学教授

我们必须承认，科学是属于少数高智力精英的游戏，但全民都应该有科学意识、科学精神。这样，我们可以更好地支持科学家去勇敢自由地探索。反过来，宽松有力的环境会让科学家给全社会回报和惊喜。我期待我们伟大的祖国在不久的将来，成为全世界科学家向往的热土。

周航，顺为资本投资合伙人

“以史为镜，可以知兴替。”76 年后我们重读这份报告，不是为了评判范内瓦当年战略的得失，而是希望能为我们未来的科研战略提供借鉴和参考。21 世纪，我们正从机械革命和电气革命步入信息时代和生命科学时代。在每一次技术换代的过程中都蕴藏着更大的创新机会，这对每一个民族、每一个国家、每一个社会乃至每一个公司来说，都是巨大的机会和挑战。

吴世春，梅花创投创始合伙人

《科学：无尽的前沿》规划了二战后美国的科学发展蓝图，为美国摆脱对欧洲的基础研究和人才依赖奠定了坚实基础，成就了美国的科技强国地位。书中所提到的关于科学发展的重要意义、重视基础研究的作用以及国家支持科学发展的做法，直到今天依然闪耀着独特的智慧之光，值得我们学习借鉴。

万维钢，科学作家，得到 App《精英日课》专栏作者

拉什·霍尔特为范内瓦·布什的开创性报告《科学：无尽的前沿》赋予了新的生命。在这本书中，他强调了该报告与美国科学政策一如既往的联系，也提出了需要重新审视的问题，尤其是科学事业同公民社会之间关系的问题。对于每一个深切关注科学在当今世界话语权的人来说，这都是一本重要的读物。

欧内斯特·莫尼兹，麻省理工学院，美国能源部前部长

在为新版《科学：无尽的前沿》所撰写的导读文章中，拉什·霍尔特指出，我们需要以一种更广阔的哲学视野来看待科学的价值，我们需要将公众视为更加平等的伙伴。为霍尔特欢呼，感谢他有勇气公开谈论这个重要而迫切的问题。

内奥米·奥利斯克斯，《为什么相信科学？》一书作者

范内瓦·布什的《科学：无尽的前沿》仍是理解美国人如何看待基础研究，为何愿意为其出资，以及期望得到何种收益的准绳。这些问题比以往任何时候都更加紧迫。这本书也告诉我们美国如何将科学技术用于公益和社会正义，而不仅仅是经济增长。拉什·霍尔特对布什的盲点和大胆计划提出了尖锐的反思，这也使再版的本书更加契合我们的这个时代。

安吉拉·克雷格，普林斯顿大学

范内瓦·布什的《科学：无尽的前沿》视科技为一种能够造福大众的力量，这对美国科学技术的发展产生了巨大影响。拉什·霍尔特为这一再版的开创性文件撰写了一篇精彩的介绍性文章，并就布什蓝图的成就、缺陷以及如何弥补这些缺陷进行了深刻的讨论。

约翰·霍尔德伦，哈佛大学，奥巴马总统首席科学顾问

随着《科学：无尽的前沿》的再版，我再次被范内瓦·布什关于科学的崇高愿景所震撼。当美国面对新世纪的挑战时，这份报告再次证明了他的先见之明。拉什·霍尔特在其导读中加入了必要的回顾，并发出了STEM（科学、技术、工程、数学四门学科的简称）研究人员、社会科学家和公众之间应展开更积极对话的呼吁，这与我在公共政策领域的经历产生了强烈共鸣。

小西尔维斯特·詹姆斯·盖茨，布朗大学

自第二次世界大战以来，《科学：无尽的前沿》一直是美国科学政策的核心典范。这个令人欣喜的新版本既收录了范内瓦·布什的经典文本，又有拉什·霍尔特关于这一典范在21世纪之能与不能的及时解读。对任何关心美国科学未来的人来说，这都是一本必读书。

奥德拉·沃尔夫，《自由实验室：冷战时期维护科学灵魂的斗争》一书作者

《科学：无尽的前沿》是一则重要的原则声明，在围绕科学研究和训练的联邦政策所展开的政治斗争中，它业已成为一份被反复引用的“圣经”。霍尔特对这个新版本的一流导读抓住了报告的关键要素，概述了它的意义和命运，并思考了它对我们当今时代的影响。

丹尼尔·凯夫勒斯，《巴尔的摩案：对政治、科学和品格的审判》一书作者

在国会生涯及之后的峥嵘岁月中，拉什·霍尔特一直在为科学研究和将科学融入政策制定而积极奔走。他了解科学在我们民主社会中的地位，以及它应有之样貌。在这本书中，他呼吁科学不仅要为科学家服务，也要为公民服务。

安娜·埃斯霍，美国国会议员

第一部分

导读：科学之议

第二部分

科学：无尽的前沿

目录

第三部分

拓展评论

第一部分
导读：科学之议

拉什·D. 霍尔特

科学之议

美国的科学事业尽显蓬勃生机。四分之三世纪以来，美国的科学生产率一直为全世界所艳羡。来自全世界的学子涌入美国大学，以参与各项学科之发展。美国物理、生物、社会以及行为科学等领域的研究人员斩获了各类国际奖项。医疗以及通信和运输的改进拓展和丰富了人们的生活，而源自美国公共及私人实验室的各类产品及工艺，则给全世界的消费者、军事以及社会活动带来了革命性的变化。美国的科学研究成果极为丰硕，然而，科学思维却仍未融入主流文化和政治。

自第二次世界大战以来，联邦政府对大学和研究机构的科研活动提供了慷慨的财政支持，并在产品开发上进行了大规模工业投资，这正是现代美国科学事业的特色所在，同时也是所有科学成就之基础。《科学：无尽的前沿》这一报告，便是关乎该项事业的一份公认的标志性文件。

该报告的作者范内瓦·布什，曾于二战期间担任白宫科学研究与发展办公室的负责人。世人广泛认为，他在任时所推动的各项科研举措，乃是盟军最终取胜的关键。[1] 在政府合同资助以及既定目标指导下的科学家们，通过大规模的协同努力，取得了一系列惊世成果。其中既包括可输注血浆、青霉素等可大规模使用的抗生素、防止虫媒病的滴滴涕和抗疟疾药，也包括雷达、高性能飞机、用于引爆弹药的近炸引信以及终结世界大战的原子弹。布什以罗斯福非正式科学顾问和“研究沙皇”的身份，督导了这一庞大并最终取得成功的研发事业。[2] 在胜利曙光初露之际，他又和众多的政治和学术领袖一道，开始考虑如何在和平时期继续从科学研究中获益。1944 年末，布什收到罗斯福的指令，着手筹备一份足以为美国持久科学政策奠定基调的报告。

这份凝聚了数十位杰出科学家和工程人员心血的报告，最终于罗斯福总统去世后的 1945 年 7 月提交给杜鲁门总统。正如布什在报告中所写，美国以前从未有过任何用以确保科学进步的“国家政策”。美国文化一向十分敬重科学实证思维和实用技术，政府也为各类世界闻名的科学工作提供了资助，其中就包括刘易斯和克拉克远征以及地质学、农学、医学、天文学、物理学和许多其他领域的军用和民用进步。但是，美国从来没有为广泛的科学事业提供核心性的支持，而对于科学到底可以为美国的社会和政治进步做出何种贡献，亦没有全面认知。针对科学到底能给人类带来什么这一问题，《科学：无尽的前沿》提出了一项鼓舞人心的实用主义愿景。在呈送函中，布什将科学同美国文化中的一项经典主题联系在了一起：“开拓精神仍旧在这片国土上激荡。开拓者掌握着完成任务的工具，而科学则为开拓者提供了大片尚未被充分开发的腹地。这样的探索对国家和个人都大有裨益。无论是对保证我们的国家安全、保障民众的健康，还是对创造更多的工作岗位、提高生活水平以及实现文化进步而言，科学都是其中至关重要的一环。”这份颇受科学界欢迎的报告倡导政府推动和支持科学研究（尤其是基础研究），并呼吁成立一个能得到充分拨款的新型独立国家机构，以督促推进包括军事和民用，生物学、医学和物理学，基础和应用，理论和实验等在内的所有研究。这一机构将负责以长期合同形式为科学研究提供稳定的资金，为科学家提供研究之自由，同时还要肩负起培养科学专家的重任。1950 年，在经过了多年的辩论之后，国会通过了《国家科学基金会法案》，确认将制定“一项促进科学领域基础研究和教育的国家政策”，并通过拨款和合同支持“数学、物理学、医学、生物学、工程学和其他科学领域的基础科学研究”。

现今的《科学：无尽的前沿》已被视为“美国科学政策的开山之作”。[3] 人们称赞道，这份报告促成了支持科学的“美国战后共识”，[4] 是“美国历史上最具影响力的政策文件之一”。[5] 尽管后来的联邦科学政策也受到了其他个人及组织的影响，但布什的报告引发了一场辩论，正是这场辩论所导致的一项不成文的政策推动了后续数十年惊人的科学进步。布什报告乃是了解美国当今科学状况的一个重要起点。多年以后，这份报告提出的许多问题仍然以这样那样的形式存在于我们身边。它所形成的结论既成就了我们今天所见的辉煌科学事业，也为后世投下了业已显露的阴影。从今天的角度来看，这些问题都值得我们做更为仔细的研究。我们应当重新思考，我们的社会到底需要什么，而科学可以为之提供何种帮助？

在《科学：无尽的前沿》中，布什对科学在社会中的作用提出了具体而强有力的愿景，时至今日，这些愿景起码已在塑造现代科学事业的几个基本方面及其运作方式上起到了部分作用。布什的各项建议正是基于这些愿景背后的核心理念，并且最终经过辩论和立法而得以实施。

其中最为基本（也许是最著名）的，就是布什所提出的一项有力论据，即“科学进步是一种必需”，如果没有科学进步，“在其他方面再多的成就也不能确保我们的健康、繁荣和安全”。布什认为，科学进步可以为个人和整个社会带来长远的好处，包括“更多的岗位，更高的工资，更短的劳动时间，更丰富的农作物，人们可以有更多的闲暇用于娱乐、学习，抛弃烦琐的生活，远离长久以来普通人的劳苦”。他因此宣称“科学是政府理应关心的问题”，政府应该采取措施，以确保科学进步。

作为一名训练有素的工程师，布什的关注点最终落在了一种特殊的进步上，那就是能够满足美国民众物质需求的各类技术。布什对实际应用的这种偏好，在《科学：无尽的前沿》及其他的著作中随处可见。在其职业生涯的大部分时间里，他都在与电子及机械设备的发明及改造打交道。就在布什向总统呈送报告的当月，他在一篇发表在某杂志上的题为《诚如所思》（As We May Think）的文章中，对一种实用的设备做出了详尽的预测，这种设备就是我们现在熟知的个人计算机，而对于某些人来说，他的这篇文章甚至比《科学：无尽的前沿》更有名。[6] 布什认为，政府对研究的支持，乃是发展公共福利之必需，因为正如他所断言，科学研究能带动医疗、计算机、就业以及武器等的发展，制造出"空调、人造纤维以及塑料等更加物美价廉的产品"。

具体而言，布什主张政府应支持基础研究。所谓基础研究，以布什的话来说，就是一种"在不考虑实际需求情况下"的对基础知识的寻求。他认为，基础研究填补的是一口井，而这口井正是"所有实用知识的来源"；基础研究是整个研究和创新过程的推动力量。"新产品和新工艺并非完全成熟，"他说道，"它们都建立于新的原理和概念之上，而这些新的原理和概念则源自最纯粹的科学研究。”自《科学：无尽的前沿》这一报告开始，布什便被视为基础研究的拥护者，而这一理念也被认为是源自他那个流水线的隐喻：基础研究的成果经过应用研究以及开发阶段，会最终为人类所用。截至目前的多数联邦基金都受到了这一思想的影响。尽管这份报告实际上并未以一维方式描述研究和开发之间的关系，但布什显然同意这一公认逻辑。布什极为珍视基础研究，因为它能推动整个进程趋向切实可见且满足国民之需的成果。[7]

布什的报告指明，此类研究主要应在大专院校中，由训练有素的科学家，即“一小群熟谙自然基本规律的天才”来进行。在二战期间，布什通过他领导的研究机构提供资金，证明了大学即便是在军事武器和系统等领域，也能够迅速研发出强有力的成果。将大学作为研究重镇，使得他大幅度增加政府拨款而又无须增加政府规模的战后方案具备了可行性。布什对国家实验室持宽容态度，但对由军方主导的研究却不以为然。建议大学主持基础研究这一策略，既能避免政府人员扩张，又可防范将军插手科研。在布什看来，“独立人士的自愿合作”更有助于研究工作。他认为，大学中存在一种独一无二的科研环境，因为得益于“强烈的团结感和安全感，以及极大程度的个人知识自由”，“科学家们可在一种相对没有成规、偏见或商业需求等不利压力的氛围下开展工作”。

布什坚信科学应该由科学家来指导。如报告中所述，他的计划赋予了科学机构选择承担哪些科学项目的权力。在他提议建立的新机构中，一个由杰出科学家组成的委员会将负责对科研进行指导，而该机构的负责人则必须由各科学机构的代表选举产生。这是他愿景中的关键部分，从某种意义上说也是具有决定性的部分，但在布什准备《科学：无尽的前沿》的时候，他的愿景并非决策者的唯一选项。

大约在报告提出的两年前，来自西弗吉尼亚州的民主党新政支持者、参议员哈雷·基尔戈尔就提出，要通过立法来“建立一个专门致力于科技进步和发展的独立的中央政府机构。这既是为了赢得战争，也是为了促进和平”[8]。这一拟议的机构将协调所有政府研究活动。基尔戈尔将这一强大的政府集权和规划同公共水电供应系统、公立学校乃至公共土地相提并论，并且赞同政府在此类方面进行控制。彼时布什则反对这项法案，他认为战后的研究不应该由政府“指挥和控制”。[9]基尔戈尔的立法动议得到了不少支持，但布什对此表示反感，他坚信研究只有在科学家的掌控之下方有成效。这促成了他对《科学：无尽的前沿》这份报告的写作。[10]布什报告提交不久，基尔戈尔参议员就提出了一个事关国家科学研究计划的完整立法方案。[11]

基尔戈尔和布什的方案在结构上大同小异。两人都认为，科学研究的价值被严重低估，政府拨款不足，且政府不同部门和分散的大学之间缺乏关于此方面的协调。两人都希望政府能够设立一个能同时覆盖军民科研的中央资助机构，以促进全国范围内的科学教育和传播，同时评估和协调美国大学和研究所开展的各项研究。[12]但他们的主要分歧并不在于举措，而在于理念，因此双方在立场上存在根本的不同。这是一场关于科学如何发展以及科学应当与社会形成何种关系的辩论。布什的方案以科学家的自主权为基础，旨在为科学家提供在各知名大学内的独立领导地位，以及在选择和追求研究方向上的完全自由权利。基尔戈尔在本质上是一个民粹主义者，他主张建立的是一套面对整个社会且担负更大责任的体系。该体系的核心机构将交给一个由普通公民、劳工领袖、教育家和科学家组成的委员会负责管理，而该机构的负责人则交由总统任命，且无须是一名科学家。他希望研究能直接面向国家的社会和经济需求，并希望资金能有针对性地分配到全国各地，从研究中所得的专利将属于公众。简而言之，基尔戈尔想要的是一个更接近政治进程的机构，这样它就可以被人们感知到的需求所引导；而布什想要的，是一个更受专业驱动且与自由派政治圈子所倡导的那种公共控制相隔离的机构。这种差异，从他们对社会科学的不同态度便可见一斑。尽管布什设想的是一个监督所有科学的综合机构，但他认为社会科学在实践中与政治和政府联系太过紧密，因此将社会科学和行为科学排除出了这一机构。基尔戈尔则持相反立场。[13]

这场辩论在国会和科学界持续了多年。在美国的政策之争中，以及在冷战时期的意识形态之争中，这场辩论的影响更是持续了数十载。[14] 1950 年，《国家科学基金会法案》做出规定，该机构将由一个由杰出科学家组成的委员会负责督导。这一立法结果并不完全符合布什的倡导。不过，时至今日，大学及政府研究的规划、选择乃至评估，基本上都已经交由各自学科决策，而且做出决策的通常都是研究者本人。

伴随着这份报告的出炉，一项不成文且笼统的科学政策也应运而生。联邦政府为国家科学基金会和其他机构提供了源源不断的资金。联邦机构和专业协会则负责跟踪和宣传科学进展。科学事业蓬勃发展，相应的管理方案也陆续出台。国会创建了各类与科研相关的新委员会。科学政策的制定也变成了学术研究的一部分。到 20 世纪 60 年代，联邦政府对研发的资金支持比 1940 年增加了 20 多倍，占到了经济活动总量的近 2%。[15]

正如布什预期的，自 1945 年以来，公共和私营部门在科学研究和科学教育上的投资（累计已达数万亿美元[16]），已经在医疗和保健、提高经济生产率、创造消费者和产业便利性以及增进军事力量等方面，取得了巨大的收益。在联邦基金的支持下，我们在宇宙、地球、人类生理、社会和心理等各个方面的知识都取得了惊人的增长。这里仅举几例：过去，我们认为人类特征是遗传亲代 DNA（脱氧核糖核酸）的直接表达，但现在研究证明，它也受到亲代环境的表观遗传的影响。天体物理学家观察到，是碰撞的中子星产生了我们在地球上发现的重元素。宏观量子纠缠在彼此分离的系统中同时产生了变化。我们从流行病学和心理角度对枪支暴力进行了定性。地球科学家已经解释了构造板块的运动是如何将生物碳化合物和生物体带入地球深处的。非理性的经济行为和人类的内隐偏见得到了识别、分类和预测。当生物进行思考和对刺激做出反应时，我们也会观察到单个脑细胞的同步活动。我们已经对地球大气中碳的排放和清除有了详细的了解。公众已对这些进步的创造力、美感和力量有了模糊的认识，他们期望这些进步能够持续下去。

然而，联邦资金未能如布什对政策的期望那样持续增加。1968—1971 年，越南战争支出飙升，联邦政府的研发支出也随之下降了一成（以经通胀调整的美元计算），其中用于基础研究的费用更是大幅下滑（1967—1975 年下降了 18%）。如今，联邦研发支出在 GDP（国内生产总值）中所占的比重已不及 20 世纪 60 年代的 40%。相比之下，工业企业的研发支出则一直在增长，自 1968 年以来，此类研发的总支出在 GDP 中所占的比重一直保持在 2.5% 左右。[17]

但正如布什指出的，企业研发投入几乎完全着眼于自身的短期或长期利益，它支持的仅是有利于所投资企业的商业性可预测成果，而不是人人都可受益的创新性研究。美国在科研方面的投入一度是全世界的标杆，但如今，与其他许多国家相比，美国在这些方面已经落于下风。从研发资金占国内经济的比重看，至少有 7 个国家已经超越美国。科学家们认为联邦的投入虽然规模庞大，但远远不够，他们因此不断游说，以期获得更多资助。当然也有例外，比如 20 世纪 60 年代的太空竞赛和阿波罗计划，20 年前的生物医学繁荣和国家卫生研究院的预算翻倍，以及 2009 年的经济刺激计划。最近诸如《无尽前沿法案》等一系列事关增加研发预算的提案是否能够在联邦拨款过程中得到落实，则仍有待观察。无论如何，尽管联邦政府对研发的资助远远低于所需，但二战后政府对科学的资助已经永久地改变了科学的格局。

* * *

然而，我们也有理由质疑，科学的价值是否已经得到完全体现，公民又是否从科学中得到了他们的所需。布什曾写道，科学进步是抗击疾病的必需并且能够改进公共健康，然而，科学事业虽蓬勃发展，却未能阻止成千上万人因未能接种疫苗而将自己的子女置于真实存在的风险之中。科学进步也不足以让美国应对 2020 年的新冠病毒大流行。即便有科学的帮助，美国也并没有为阻止代价高昂的气候变化而采取必要的补救举措。

显然，我们的科学事业未能给公民提供他们所需的一些重要产品。这些都并非免疫学、病毒学、流行病学、海洋学或大气科学在研究上的失败，相反，这是科学与公众关系上的失败，而这也正是被布什报告以及随后的辩论所严重忽略的事项。

从现代的角度来看，在这方面，布什似乎有些目光短浅。布什相信，科学进步本质上依赖的是科学家无须考虑实际目的的自由基础研究，因此他所提倡的科研体系在促进研究繁荣的同时，也促成了科学与公众的隔绝。他的目标不仅是确保科学家获得合理、稳定的资金，而且还要确保他们能够自由地从事自己所选择的工作，不受社会方向或政府计划的束缚。[18] 他的竞争对手基尔戈尔则提出了另外一种安排，他要让所有由政府资助的科学家成为“人民的真正公仆”[19]。相比之下，今日我们所见的体系实际上更像是科学家的公仆，即一种资助科学家自由选择所从事工作的体系。

* * *

的确，许多科学家相信，如果他们把注意力放在公众关心的问题上，而不是受他们训练有素的好奇心和既定研究途径的驱使，他们就会在科学上失去创造力和有效性。我曾经是一名研究科学家，并且作为一名政策制定者在国会服务了 16 年，以我之所见，科学家们总会强烈地捍卫其自由选择研究议程的权利。尽管他们会为了获得资助而做出些许让步，但他们通常都认为，他们不受具体公众意见干扰的独立研究成果对公众最为有利。一般而言，通过学术评估所授予的研究经费往往集中于精英和既定的模式。科学界主张独立性以尽力避免来自政府规划的限制，然而这一模式也导致公众认为科学超出了他们的判断或控制能力，有时甚至是理解能力，更不用说参与其中了。

为了“鼓励并使更多有能力的青年以科学为职业”，布什主张通过设立一项奖学金计划，以创造更多的高等教育和科学训练机会。这种把经过挑选的、训练有素的研究人员视为科学的化身的想法反映在当前的科学实践和科学教育中，也体现于公众对科学的态度之中。研究人员及其资助者通常认为他们的职责就是专门做研究。即使是现在，识别和培训未来的专业科学家和工程师仍是大多数科学教育项目的重点，这通常被称为“填补管道”。[20] 当立法者谈到我们的科学教学时，通常都会提及美国在科学家和工程师数量上相对于竞争对手处于劣势。

这样导致的结果是，公众把科学视作研究人员在“闲人免进”的实验室中所做的事情，而非一种他们可掌握的理解方法。他们认为科学家掌握了非科学家无法理解的复杂思想和仪器。在经过数道不可见的步骤后，产品、疗法和其他物质利益便会从研究中诞生，而接受这一切的公众却对其产生的方式知之甚少。他们在科学中看不到自己的位置，尽管他们喜爱诞生自科学事业的各种实用产品，但在生活中他们却没有给科学和科学思维留下些许位置。当世界上许多最紧迫的挑战（例如流行病或气候变化）迫切需要公众参与科学并建立对科学家和科学工作的理解和信任时，这就成了一个问题。如果公众认为科学的目的不是为了他们，他们就不会关心科学。他们可能不会知道科学投入可以如何帮助他们履行公民职责，也不会对接收到的信息进行核查。

问题的根源在于我们对科学是什么以及它如何对社会做出贡献所持有的片面观念，而这些观念部分可以追溯到布什的报告。在《科学：无尽的前沿》中，布什将科学与研究和发展相联系，并将科学对社会的益处与技术、医药、产品等各种有形产出联系起来。但是，科学不仅仅是深奥的专业化研究，有形成果也并非公众应从科学交易中获得的全部，它也不应该是公众在念及科学时唯一应想到的内容。从本质上讲，科学是一种提出问题的方式，它能使我们获得关于事物本质的最可靠知识。这是它最根本的贡献。

在《科学：无尽的前沿》发表数月前，美国科学促进会的科学与社会委员会就科学之于一个共和国的地位问题，提供了一个更为广阔、更具哲学性的观点。和布什报告一样，该委员会开宗明义地指出了科学的至关重要性。但在解释科学为何至关重要时，该委员会采取了一种不同的立场。秉承启蒙运动的理念，他们强调科学作为一种思考方式，可以具备极高的社会及政治价值。该委员会宣称，“科学研究政策同外交政策及国防政策一样，都是关乎国家存亡之必需”，而科学在现代政府中的地位，“绝不低于法律和法院”。鉴于“先进技术与既定实践和组织之间的差异是对我们自由、民主的社会秩序的主要威胁之一”这一立场，该委员会强调，科学家必须“在研究中加入对公众利益的考量”。科学与社会委员会总结说，“科学研究政策以及对科学与社会之间关系的理解，绝不能仅仅关乎器物甚或技术”，它“不是一项关乎计划和控制的程序”，而是一个“运用批判思维和训练有素的有组织的智力工具的目的宣言”，其目标旨在强化“我们自由、民主的社会秩序”。[21]

这种观点并未在《科学：无尽的前沿》所引发的政策辩论中占据上风。在报告发表后的几年里，布什质疑是否存在一种明确可传授的、非专家也可以在实验室之外使用的科学方法。他建议，国家与其试图让非科学大众将批判性科学思维付诸公共问题，还不如多鼓励更多才华横溢的科学家去从事研究工作，以让公众最终受益。[22] 虽然科学研究带来的一系列物质利益给社会带来了丰厚的回报，但这种观点仍有其局限性。除了让公众被动地接受各种源自科学的产品和疗法，我们还需要公众在两个方向上更大程度地参与科学。我们需要公众更多地参与对科学的引导和监督，我们也需要公众更多地在公共事务中运用科学思维。这需要公众和科学界共同采取行动。

2020年新冠病毒大流行已充分且悲剧性地说明了这一问题的利害关系。在此之前的几十年里，科学专家们就新出现疾病的可能性破坏以及做好公共卫生准备的必要性撰写了大量警示性文章。然而美国却没有为此做好准备。无论从长期还是短期来看，政策制定者都未能提供足够的检测、医疗设备和受培训人员，公众也没有提出相关要求。公众及政策制定者在理解和采纳保持社交距离或戴口罩等相关措施方面行动迟缓。科学家本身也未能探索出抗击病毒所需的某些研究路径。由于可以自由设定研究优先级，病毒学家对病毒的结构和复制进行了分子分析，但一些与病毒传播最相关的研究（与整个社会联系更为紧密的研究）却一直被忽视。不论是病毒研究者还是政策制定者，都没有将社会科学完全纳入他们对疫情暴发可能性及其后果的思考之中。决策者和公众都没有坚定参与对研究优先事项的设定。就一个国家的科学政策而言，我们可以从此次疫情应对中得到许多教训，而其中最重要的一点就是，资金充足、训练有素的科学研究人员不能取代公众的知情与参与。这一教训远远超出了大流行病本身。

受资助的研究蓬勃发展，但公众的循证思维和公众对科学证据的理解及行动能力并没有随着研究的增加而提升。相比于将研究结果和科学决策应用于公众，为研究提供资金并允许科学家自由支配研究资金要容易得多。大多数立法和政策决定都可以通过科学验证信息的纳入而得到改进，但在通常情况下，这些信息没有得到很好的整合，或者根本没有被考虑在内。仅仅在政策制定和监管机构中安置几个受过科学培训的人员是不够的。在交通、通信、移民、农业、公共卫生和其他领域，决策者时常会采取一些不受科学常识支持的行动。虽然多数时候这是由于未能掌握相关信息所致，但有时他们也会故意忽略科学。在国会，那些包含于所谓非科学委员会的职责中且尚未被认知的科学问题，比科学委员会职责中所明示的内容还要多。例子比比皆是。直到最近，关于投票程序的立法才被认为需要计算机科学家的参与。经济学常常不被认为是一门立法者必须为其寻求证据的经验科学。看看国会听证会的每周日程安排，思考每一场听证会的主题是否可以用科学发现来阐明，然后再看看做证名单上的人士是否可能提供这些科学发现，这绝对是一项有趣的实践。

需要科学的不仅仅是政策专家。当下的公民生活在一个与

1945 年完全不同的世界。我们的世界更加科技化。环境保护、能源生产、医疗保健甚至民主投票程序和设备等公共问题都应通过科学研究加以阐明。疾病大流行、气候变化和儿童疫苗接种等问题也应如此。公民必须对环境质量、各种危害以及新技术进行评估。当下的信息异常丰富，但呈现碎片化特征且极易被扭曲。远离科学的公民实难区分有效的证据和未经证实的观点、一厢情愿的想法以及故意的信息扭曲。[23] 大量公众原谅或忽略了政策制定和政策声明中那些明显的科学证据遗漏。正如我们在病毒大流行问题上所看到的，任何政策的成功都取决于公众的参与。他们必须能够通过询问科学主张是否基于经过公开审查的证据来判断其可信度。此外，他们必须确保将科学纳入公共决策。

然而，如果科学家超然物外，且公众认定证据只属于拥有精湛技术的科学家，那么我们不难发现，在当今这个充斥着网络欺诈的时代，证据会很容易被各种观点、谣言和毫无根据的主张所取代。科学家必须协助消除科学仅属于科学家这种刻板印象。美国国家科学基金会已经将社会影响和地理分布等因素列入科研资助的考量范围，但收效甚微。我们应该考虑重拾基尔戈尔的部分民粹主义思想，以示公众才是国家科学政策的目标受益者。我们应当明确地将研究指向社会需求，并将研究成果与区域经济发展更多地联系起来。

科学家还须以一种决策者和普通公民清晰可用的方式来传播他们的科学工作。这不仅仅包括在国会委员会面前为他们的研究做证、公开演讲、写通俗文章以及创建公民科学项目——尽管这些活动也非常重要，越来越多的科学家参与其中也令我们倍受鼓舞——最重要的是，科学家必须帮助公众理解科学的成功来自循证思维，而证据和循证思维是所有人都可以获得和掌握的。所谓的科学素养，其主要的特征就是能够辨别那些经过科学共识验证的证据。[24] 科学素养的塑造绝非易事，但至关重要，至少对于国民福利而言，其重要性毫不逊色于布什所致力于培养的物质利益。

开国元勋们在美国宪法中写明要培养“科学和实用之技艺”，这种表述说明科学在他们的眼中绝非只是有用的产品发明。作为启蒙思想的主要倡导者，美国开国元勋们坚信科学是民主的重要工具。在《联邦党人文集》中，“实验”等词的出现频率

(超过了“民主”一词的使用频率）表明，他们将政府本身视为一个要求公民在公共事务上采用科学思维框架的过程。[25] 他们明白，对公众问题的公开答复若想可靠，就必须以证为据。任何人都可以要求提供证据。这是一个极为民主的观念。

民主共和国要求公民寻求基于实际条件之上的共识，在共识之下，公民于相互竞争的价值观和愿景之间实现民主平衡，并以此共创未来。没有这种共同的理解，公民的价值和希望就无法得到理性的表达和实现。科学是对实际条件进行经验观察的过程。通过提出问题以得到经验的回答，通过透明地分享经验观察，通过公众和专家的评论寻求验证，科学已被证明是获得可靠知识的最佳途径。尽管有错误的步骤、偶尔的偏见、延迟和人类的短视，但从长远来看，科学提供了关于世界的最可靠的看法。运用科学的经验技术，人们可以对事物的状态有越来越可靠的理解——从病毒到气候再到非理性的经济行为，无不如此。当然，科学的应用并不是优良政策的全部。良好决策的制度需要有伦理和价值观、历史和传统、美学和人文考量，当然也必须考虑政治因素。然而，科学证据乃是这一切的起点。当民主仅仅变成一场没有证据支撑的观点之争时，它就处于危险之中。当一种观点和另一种观点针锋相对，每一种断言都走向极端甚至极尽欺骗之能事时，民主就无法生存。这正是对科学的召唤。

范内瓦·布什认识到，美国在 1945 年的军事胜利正是得益于科学所带来的弹药、药品和材料等成果，而要使科学能在和平时期产生类似的益处，政府就必须将大量的联邦资金投入到积极研究以及对精选研究者的培训之中。这就是后来我们所见到的事情，而科学事业自此蓬勃发展。今天，我们的社会所面临的挑战与布什在 1945 年的所见并无不同，但我们也面临着一些无法通过不断改良弹药、药品和材料就能克服的新挑战。如果我们问科学还可以为我们的社会提供什么，我们会发现答案是一些不那么有形，但与范内瓦·布什所预见的各种益处一样关系到我们繁荣和安全的东西。我们需要将科学本质广泛应用于我们的公共问题。这种循证思维的本质必须被广泛应用于整体公民，而不仅仅是少数人群，因为这就是民主的运作方式。科学早已一次又一次地充分展示了循证思维的力量，有鉴于此，民主也必须建立于循证思维可以减少对问题的偏见这一信念之上。

为今天谋划一项崭新的科学政策并非易事，它需要科学家和公民的共同努力。良好的科学和成功的民主面临着相似的困境。两者的真正困难都不在于技术问题，而在于寻求和接受证据及其对个人派系或族群立场乃至对个人成见或痴心妄想的潜在挑战。科学家必须承担起他们的职责，他们要为公共利益而行动，对赋予他们工作许可的公民负责，并允许非科学家在公民活动中贡献力量，参与科学的教育和传播。反过来，公民也必须显示且必须具备要求和使用公平证据的意愿。几十年来，美国致力于促进科学进步，为科学家的研究投入了数千亿美元，现在已经到了做出同样重大承诺的时刻，那就是将科学过程充分融入我们的公共生活。我们必须找到共享科学思维益处的方法。通过此举，我们也将为民主提供永葆活力的途径。

第二部分
科学：无尽的前沿

范内瓦·布什

英文版出版者注

本书再版了范内瓦·布什于 1945 年 7 月提交给哈里·杜鲁门之报告的正文，然而我们也针对当下读者的特点，对其中的部分内容进行了重新编排。本书中不再附含医疗咨询、科学与公共福利、科学人才发现和发展以及科学信息出版等委员会的报告，有兴趣的读者可参阅本报告的其他版本。

罗斯福总统的信函

白宫

华盛顿特区

1944 年 11 月 17 日

亲爱的布什博士：

在你的领导下，科学研究与发展办公室进行了一项独特的团队合作实验，你们协调科学研究，并将现有的科学知识应用于解决战争中最为重要的技术问题。这一系列工作是在极度保密的情况下进行的，并不为任何公众所知，但其实际成果都已反映在世界各地前线的公报中。终有一天，这些成就将会被一览无余地公之于众。

此外我也完全有理由相信，从这次实验中所得之经验教训，也可以在和平时期得到有益的应用。在未来的和平时期，由科学研究与发展办公室以及大学和私营企业成千上万的科学家所开发的信息、技术和研究经验，理当被应用于提升国民健康、创建新企业以增加就业机会，以及改善国民的生活水平上。

本着这一目标，我想请你就以下四个主要问题提出建议：

第一，在保证军事安全且事先得到军事机关批准的情况下，我们如何让我们在战争期间对科学知识做出的贡献尽快为世人所知？

此类知识的传播应有助于激发新的事业，为我们的退伍军人和其他劳动者提供工作岗位，并能够大幅促进国民福祉的改善。

第二，在科学与疾病的斗争方面，我们现在应如何组织新的项目，以便在未来继续推进在医学和相关科学领域的工作？

在我国，每年仅一两种疾病所造成的死亡人数就远远超过我们在这场战争中失去的生命总数，这一事实应使我们意识到我们对子孙后代的应尽责任。

第三，政府在当下和未来，可以通过何种方式来促进公共及私人组织的研究活动？我们应仔细思考公共研究和私人研究的各自角色及其相互关系。

第四，是否可以提出一个发现和发展美国青年科学人才的有效规划，以确保我国的科学研究能够持续保持在战争期间的水平？

我们的面前是各类思想的新前沿，如果我们以应对这场战争所用的同样眼光、勇气和干劲去开拓，我们就能创造更为充分更加丰富的就业机会和生活。

我希望你在与同事和其他人进行适当讨论之后，可以让我尽快了解到你关于这些问题的深入判断。你哪个方面考虑好了就可以向我报告哪个方面的问题，而不必等到全部调研结束后再给我做统一汇报。

谨致问候

富兰克林·罗斯福

寄送范内瓦·布什博士

科学研究与发展办公室，华盛顿特区

呈送函

科学研究与发展办公室

西北区 P 街 1530 号

华盛顿特区

1945 年 7 月 25 日

总统先生敬启：

在 1944 年 11 月 17 日的信中，罗斯福总统要求我就以下几个方面的问题提供建议：

第一，在保证军事安全且事先得到军事机关批准的情况下，我们如何让我们在战争期间对科学知识做出的贡献尽快为世人所知?

第二，在科学与疾病的斗争方面，我们现在应如何组织新的项目，以便在未来继续推进在医学和相关科学领域的工作?

第三，政府在当下和未来，可以通过何种方式来促进公共及私人组织的研究活动?

第四，是否可以提出一个发现和发展美国青年科学人才的有效规划，以确保我国的科学研究能够持续保持在战争期间的水平?

从罗斯福总统的信中可以明显看出，在谈到科学时，他所想到的是包括生物学和医学在内的自然科学，而我也是按照此意来解释他的问题。社会科学和人文科学等其他领域的进步同样非常重要，但当下更值得即刻关注的，是我报告中所提出的科学计划。

在为罗斯福总统的问题寻求答案的过程中，一些在相关问题上颇具建议资格的著名委员会都给予了我积极协助。各委员会对这些问题都给予了足够的重视。事实上，他们认为这是一个参与制定有关科学研究国家政策的机会。他们举行了多次会议，并提交了正式报告。在整个过程中，我一直与各委员会及其委员的工作保持密切联系。我审视了他们收集的所有资料和他们针对罗斯福总统信中所问而提出的建议。

虽然我随此函所提交的报告是出自我，但报告中的事实、结论和建议都是以研究这些问题的各委员会的调查结果为基础的。由于我的报告必须简短，因此我将各委员会的全部的完整报告作为附录列入。

要想贯彻执行这几个委员会的建议，我们必须建立一套专门机制。在提出这种机制时，我多少偏离了各委员会的具体建议，但我也已经确认各委员会委员可以完全接受我提出的计划。

开拓精神仍旧在这片国土上激荡。开拓者掌握着完成任务的工具，而科学则为开拓者提供了大片尚未被充分开发的腹地。这样的探索对国家和个人都大有裨益。无论是对保证我们国家的安全、保障民众的健康，还是对创造更多的工作岗位、提高生活水平以及实现文化进步而言，科学都是其中至关重要的一环。

谨致问候

范内瓦·布什

呈送美利坚合众国总统，白宫，华盛顿特区

引言

科学进步是一种必需

我们都知道对在这场残酷战争中身受重伤的战士们而言，青霉素这种新药的意义到底有多么重大——它挽救了无数人的生命，并为伤者减轻了难以估量的痛苦。这一切皆源于科学和这个国家的伟大创造力。

我们中的一些人知道，在使联盟军队战胜纳粹德国以及将日军逐步赶出其岛屿堡垒的过程中，雷达起到了至关重要的作用。雷达的诞生，同样也是源自多年来的艰辛科学研究。

但我们经常忘记的是，在和平年代的周六晚上，之所以有数百万个人的口袋能够被工资塞满，是因为新产品和新产业为无数美国人提供了就业机会。同样是科学使这一切成为可能。

到 1939 年时，有数百万人从事的是在一战结束时尚不存在的行业，其中包括无线电、空调、人造丝和其他合成纤维等等，而塑料正是得益于这些行业而诞生的产品之一。但是这些事情并不标志着进步的终结，相反，如果我们充分利用我们的科学资源，它们只是一个开始。如果我们继续研究自然规律，把新知识应用到实践中去，就可以拓展新的产业，许多旧的产业也可以得到极大的加强和发展。

农业的巨大进步也建立在科学研究的基础上。抗病能力更强及生长周期更短的植物、家畜疾病的预防和治疗、虫害的防控、更优质的肥料和更先进的农业生产方法，都来自艰苦的科学研究。

科学的进步一旦应用于实践，就意味着更多的岗位、更高的工资、更短的劳作、更丰富的农作物，人们可以有更多的闲暇用于娱乐、学习，可以抛弃烦琐的生活，远离长久以来的劳苦。科学的进步也将带来更高的生活水平，使疾病得以预防或治疗，促进我们对有限资源的保护，并为抵御侵略提供更多保障。但要想确保高水平就业及保持世界领先的目标，我们就必须保证新的科学知识能够持续而大量地涌现。

1900—1940 年，美国人口从 7 500 万增加到 1.3 亿。在一些国家，这样的人口增长早就带来了饥荒。但在这个国家，伴随人口增长而来的却是更丰富的食物供应、更好的生活、更多的休闲、更长的寿命和更健康的身体。这主要应归结于三大因素：在民主体制下，充满活力的人民能够自由发挥其主动性；国家财富极大丰富；科学取得进步并得到应用。

科学本身并不能为个人、社会和经济方面的弊病提供灵丹妙药。无论是在和平时期还是战争时期，科学都只是以团队中一员的身份贡献于国民之福祉。但是如果没有科学进步，其他方面再多的成就也无法确保我们作为一个国家在现代世界中的健康、繁荣和安全。

科学是政府理应关心的问题

政府应促进开辟新的前沿领域，此为美国的一项长期国策。正是这一政策为快船开辟了新的海域，为拓荒者带来了新的土地。虽然如今我们已经大体不再需要开疆拓土，但科学的前沿仍待我们去开拓。与此同时，为所有公民参与新前沿发展提供便利也是美国的一项传统。美国之所以能变得如此伟大，正是得益于此传统。

此外，由于健康、福祉和安全都是政府应该关注的议题，因此，科学进步必然也必须是政府的重大利益所在。没有科学进步，国民的健康状况就会恶化；没有科学进步，我们就不可能提高生活水平，也无法增加公民的就业机会；没有科学进步，我们就不可能维系我们用以对抗暴政的自由。

政府与科学的关系——继往开来

美国政府从一开始就对科学事务产生了积极的兴趣。19 世纪，海岸与大地测量局、海军天文台、农业部和地质调查局等部门相继成立。80 余年来，通过联邦政府“赠予学院土地法案”，政府对州立研究机构的支持也呈现逐年上升的态势。自 1900 年以来，联邦政府便在内部大量设置各种科学机构，截至 1939 年，其数量已超过 40 个。

由政府机构开展的科学研究，其性质大多介于我们通常所说的基础研究和应用研究之间。几乎所有政府的科学工作都有最终的实际目标，但是在许多受到更广泛关注的领域，这些科学工作通常涉及的都是对基本性质的长期研究。一般而言，政府的科学机构不像工业实验室那样关注即时的实际目标，也不像教育和私人研究机构那样可以不考虑潜在经济应用而自由地探索任何自然现象。政府科学机构的成就斐然，但它们的作用也是有限的。

我们尚未设定科学方面的国家政策。政府也是刚刚开始利用科学来改善国民福祉。政府内部没有任何机构来负责制定或执行国家科学政策。国会也没有专门讨论这一重要问题的常设委员会。科学一直处于隐鳞藏彩之态，而鉴于它已成为我们未来诸多希望之所在，我们如今理应将它推到舞台的中心。

某些涉及公共利益的科学领域虽然利害攸关，但如果没有来自私人资本的更多支持，这些领域恐怕也难以得到充分的发展。军事问题、农业、住房、公共卫生、某些医学研究以及那些超出私人机构资本承担能力的高成本研究，则应得到政府的积极支持。但迄今为止，除了科学研究与发展办公室所主导的关于战争的集中性研究，政府在这方面的支持一直不够且不稳定。

鉴于本报告中所提出的理由，我们正进入一个科学需要且应该得到更多公共资金支持的时期。

研究自由必须得到保障

大学以及研究机构，无论公立私立，都是基础研究的中心。它们是知识和探究的源泉。只要它们充满朝气、健康发展，并且科学家们可以无所顾忌地自由追求真理，它们必然能够产生可用于解决政府、产业或其他领域实际问题的新科学知识。

政府于战时科学应用中得到的众多经验教训，亦可以在和平时期得到有效的利用。政府尤其适合于某些职能的执行，例如协调和支持具有国家重大意义问题的全面规划等。但是，在将战时的有效方法应用到和平时期完全不同的情况中时，我们也必须谨慎行事。我们必须取消我们以前不得不施行的那些严格控制，恢复研究自由，并重拾扩大科学知识前沿所必需的那种良性的科学竞争精神。

广泛的科学进步源于学者的思想自由及研究自由，他们理应在好奇心的驱使下探索未知，自主选择研究的方向。根据本报告列出的“五项基本原则”，研究自由在任何政府资助的科学规划中都必须得到保障。

针对罗斯福总统在信中所提的重大问题，我们的各个委员会都不辱使命地开展了勤勉细致的研究。本报告所提出的结论和建议都是基于这些委员会的研究，相关的完整研究报告则全文刊载于附录中。唯一的不同在于，本报告倡导建立一个关于科学研究的总体机制，而不是委员会所建议的多个机构。各委员会委员已经审查了有关建立单一机制的建议，并认为此计划完全可以接受。

与疾病做斗争

战争时期

包括海外部队在内的全军各类疾病死亡率，已经由一战的14.1‰下降到二战时期的0.6‰。

诸如黄热病、痢疾、斑疹伤寒、破伤风、肺炎和脑膜炎等严重疾病，已几乎全被青霉素和磺胺类药物、杀虫剂滴滴涕、质量更佳的疫苗以及改进的卫生措施所攻克。疟疾已经得到控制。外科手术水平也取得了巨大的进步。

我们之所以能够在战争期间取得如此显著的医学进步，是因为在战争之前，我们就通过众多科学领域的基础研究积累了大量的科学资料。

和平时期

在过去的 40 年中，美国人的预期寿命从 49 岁增加到 65 岁，这主要源于婴儿和儿童死亡率的下降。在过去的 20 年中，儿童的死亡率降低了 87%。

胰岛素使糖尿病得到控制，肝浸膏攻克了恶性贫血；得益于辅助食品和膳食的改良，一度普遍存在的营养缺乏症，即使在最低收入人群中也大幅减少。我们在癌症的早期诊断、手术和放射治疗方面也取得了显著进展。

正是通过医学和临床前科学的大量基础研究，以及通过医生、医疗服务和公共卫生机构对这一新科学知识的传播，我们才能取得这些成果。在这种精诚合作的过程中，制药业功不可没，特别是在战争期间。所有的医疗和公共卫生组织都对此做出了自己的贡献，它们是一个团队中相互依存的成员。

与疾病做斗争之所以能取得如此显著的成果，根源在于一系列新科学知识的不断扩展。

尚未解决的问题

正如罗斯福总统所说，每年仅一两种疾病所造成的死亡人数就远远超过我们在二战中失去的人口的总和。平民人口的死亡大幅缩短了我国公民的有效寿命。尽管在过去的 30 年里民用医学取得了显著进步，但这才是我们现在的真实处境。儿童疾病死亡率的下降使医学的重点转移到中老年群体，特别是恶性疾病和晚年显著的退变过程。心血管疾病，包括慢性肾脏疾病、动脉硬化和脑出血导致的死亡人数，现已占美国人因病死亡人数的 45%。其次是传染病，再次是癌症。此外，许多疾病（例如，普通感冒、关节炎、哮喘、花粉热、消化性溃疡）虽然很少致命，但会导致不可预料的伤残。

另一个重要变化是精神疾病的增加。在美国大约有 700 万人患有精神疾病，医院 1/3 以上的病床被这些人占用，每年需耗费 1.75 亿美元。每年有 12.5 万例新的精神病患者住院治疗。

尽管在延长寿命和减轻痛苦方面取得了长足进展，但仍有许多疾病尚未有充分的预防和治疗手段。我们固然要增加医生、医院和扩展健康计划，但除非我们扩大对人体组织和疾病性质的了解，否则这些资源就无法得到充分利用。任何医疗设施的扩建都必须伴随着医学培训和研究计划的扩展。

需要广泛及基础的研究

与医学进步有关的发现通常来自遥远的学科或出乎意料的发现，过往如此，未来也肯定如此。心血管疾病、肾脏疾病、癌症以及类似疑难杂症的治疗进展，完全有可能源自某些毫无关联学科的基础发现，甚至是源自研究者某些完全意料之外的发现。未来的进步，有赖于整个医学前沿以及化学、物理学、解剖学、生物化学、生理学、药理学、细菌学、病理学、寄生虫学等基础科学的广泛发展。

在二战中，与疾病做斗争取得的各项突破，皆源于医学和基础科学领域的那些遥远且意料之外的发现。

在专项问题上协作攻关

正是因为政府协调和支持了青霉素的研究和发展计划，这种新药物才得以被及时输送到我们的军队，拯救了无数的生命。若不是政府牵头，这项研究绝不可能在如此短的时间内实现从早期实验室阶段到后来的大规模生产和使用。抗疟疾药物的研发工作多年来一直进展缓慢，但在战争期间，政府的支持大大加快了这一进程。类似的医学进步案例还有很多。政府提供全面的协调和支持以取得相关成果，同时政府并没有对这些合作机构该如何开展具体工作指手画脚。

新的治疗药物和治疗方法的发现通常来源于医学和基础科学的基础性研究。要使这些材料和方法能够为医生所用，就需要医学院、大学的科学部门、政府和制药企业等协同合作。在这个过程中，政府的倡导、支持和协调可谓极具功效。

政府对研发新治疗材料及方法的倡导和支持，可以让公众尽早获益，缩短公众的等待时间。

行动的必要性

医学研究的主要场所是医学院和大学。在某些情况下，研究团队可以针对专项问题进行协作攻关，以构成对陆军、海军、公共卫生服务和其他组织类似攻关的补充。然而，除了教学以外，医学院和大学的主要义务是继续保持这些机构的传统职能，即为个体研究者提供机会，以使其能够依据其兴趣、好奇心以及想象力，不受限制地对自然科学展开自由研究。医学史清楚地教导我们，给予有准备的头脑完全行事的自由是一件极其重要的事。以这种方式促进医学研究是医学院和大学的一项特殊职权，这一职权不能被转移至政府机构、产业组织或任何其他机构。

在涉及人体临床研究时，医学院更具有独特优势，因为医学院与教学医院有着密切的联系，因此可以将此类研究与临床前科学部门的工作相结合，并在培训过程中向医生传授新知识。反过来说，由于教学医院与医学院联系密切，需要获得医学院的人才输送和业务监督，因此也特别适合进行医学研究。

在一战和二战之间，美国在医学研究方面超越了所有其他国家，并处于世界领导地位。这一进步在很大程度上体现了 20 世纪 20 年代大学捐赠收益、个人捐款和基金会资助等所提供的慷慨资金支持。然而医学院校研究部门的发展非常不均衡，因此大多数的重要研究都是在少数大学完成的。这种情况需要得到纠正，我们应多支持那些实力较弱的研究机构，尤其是在那些目前没有活跃医学研究活动的地区。

捐赠收益、个人捐款和基金会资助是医学研究的主要传统资助来源，但来自这些渠道的资助正在日益减少，且目前还看不到这一趋势发生改变的可能。与此同时，研究成本正在逐步上升。研究所需的设备日益复杂昂贵，物资供应成本日增，研究助手的工资也在上涨。企业只能是基础医学研究的部分资金来源。

显然，如果我们要保持过去 25 年医学取得的进步，政府就应该通过研究补助金和奖学金的方式，向医学院和大学的基础医学研究提供资金支持。第一年可以有效使用的金额不应超过500 万美元。在一个项目实施后，每年的有效花费或可达到2 000 万美元。

科学和公共福利

与国家安全的关系

科学研究对国家安全具有绝对必要性，在这场战争中，这一点已显露无遗。与德军U形潜艇的艰苦卓绝的战斗实则是一场科学技术之战，而我们在其中只能说是略占上风。雷达为我们的战斗部队安装上了新式眼睛，但那些能够蒙蔽这些眼睛的反雷达技术也在蓬勃发展。这又是一场永不停歇的技术战。德军对伦敦展开的V-1型导弹攻击最终被在这场战争中研制并得到极有效利用的三种装置击败。但V-2型导弹却无法拦截，只能靠摧毁发射点来应对。

战争部长和海军作战部部长在近期一封致美国国家科学院的联名信中表示：

这场战争强调了三项对国家安全至关重要的事实：（1）强大的新防御和进攻战术是围绕科学和工程研究所研发的新武器发展出来的；（2）抢得先机开发出此类武器和战术，对取得战争胜利或具有决定性意义；（3）战争日益成为全面战争，除了三军武装力量，战争取胜也必须依靠全体民众的积极参与。

在战争的压力下，我们的研究者为保证国家安全做出了十分有益的贡献。为了确保能够按照以上所预见的技术趋势做好长期准备，我们也必须号召我国的科学家们继续在和平时期做出同样卓越的贡献……

在和平时期，我们必须进行更多、更充分的军事研究。我们要努力追赶，不能再依靠我们的盟友来阻挡敌人。此外，很明显，只有政府可以从事军事研究，因为它必须秘密进行，且很多研究都没有商业价值、成本极高。在支持军事问题研究方面，政府责无旁贷。

现代战争要求使用最先进的科学技术。雷达研发中的许多领导者都是科学家，他们在战争之前就一直在探索原子核。尽管未来对陆军和海军军官的培训必须更加重视科学，但是我们不能指望这些人成为科学研究专家。因此，我们需要在部队军官与平民科学家之间建立专业的合作关系。

陆军和海军要继续就现有武器的改进展开研究和开发。多年来，国家航空咨询委员会一直通过对飞行问题的基础研究来支持陆军和海军的工作。如今，我们应当以持久性的民用活动来补充部队在其他科学领域的研究，以使其能够在和平时期继续推进科学研究与发展办公室在战时所从事的部分活动。

为做好军事准备工作，我们需要一个常设的、独立的并且由文职军官掌控的组织。该组织应当与陆军和海军保持密切联系，但其资金直接来自国会，且拥有开展军事研究的明确权力。这一组织开展的科学研究，将对陆军和海军直接控制下的研究加以强化和补充。

科学和就业

我们的希望之一是战争结束后将有充分的就业机会，各类商品的生产和服务的提供将有助于提高我们的生活水平。我们尚不知道如何实现这一目标，但是可以肯定的是，只有释放美国人民的全部创造力和生产能力，这一目标才有可能实现。

当然，如果我们停滞不前，仅靠制造与以前相同的东西并以相同或更高的价格出售它们，我们将不会实现这一目标。除非我们提供新的、更具吸引力和更便宜的产品，否则我们将无法在国际贸易中取得领先。

这些新产品将从何而来？我们将如何找到生产物美价廉产品的方法？答案很明确。必须有一系列新的科学知识来推动私营和公共企业的发展，必须有大量接受过科学和技术培训的人员，因为新知识的创造及其实际应用都有赖于他们。

要实现充分就业目标，我们就必须有数量更多和质量更好的科学研究。

基础研究的重要性

进行基础研究并不考虑实际目的。它产生的是一般性知识以及对自然及其规律的理解。尽管无法对任何一个问题给出完整具体的答案，但这种一般性知识提供了解答大量重要实际问题的方法。应用研究的功能就是提供这样完整的答案。从事基础研究的科学家可能对其工作的实际应用完全不感兴趣，但是如果基础科学研究长期遭到忽视，工业研发的进展也终将陷于停滞。

基础科学的特性之一是它能开辟出多种引发进步成果的途径。许多最重要的发现都是出自截然不同的实验本意。从统计学上讲，可以肯定的是，重要的发现都是某些基础科学研究的结果。任何一项特定研究的结果都无法被准确预测。

基础研究会带来新知识。它提供的是科学资本，是所有实际知识应用的源头活水。一切新产品和新工艺都不是突如其来、自我发育和自我生长起来的。它们都建立于新的科学原理和科学概念之上，而这些新的科学原理和科学概念则源自最纯粹的科学领域的研究。

今天，基础研究是技术进步的引领者，这一点比以往任何时候都更接近真理。19 世纪，美国人以欧洲科学家的基础发现为主要依托，便可以凭借其机械发明大力推进实用技术的发展，但如今的情况已经完全不同。

一个依靠别人来获得基础科学知识的国家，无论其机械技能如何，其工业进步都将步履缓慢，在世界贸易中的竞争力也会非常弱。

基础研究的中心

公共和私人支持的学院和大学以及受捐赠的研究机构，都必须既孕育新的科学知识，也要成为培养职业研究人员的摇篮。这些机构因其传统和自身的特点而更加具备开展基础研究的特质。它们的责任是保存前人积累的知识，将这些知识传授给学生，并贡献各种各样的新知识。这主要是因为在这些机构中，科学家可以在一种没有成规、偏见或商业需求等压力的氛围下展开工作。它们竭尽所能为科学工作者提供强烈的团结感和安全感，以及极大程度的个人知识自由。所有这些都是关乎新知识发展的至关重要的因素，因为新知识总不免会挑战现有的信念或实践，因此肯定会引起反对。

工业通常受制于经济指标、自身定位以及持续的商业压力。在一般的工业实验室，基础科学很少能取得令人满意的成果。例外确实存在，但即便如此，在对科学发现至关重要的自由度方面，它们也很难与大学相媲美。

为了有效地发挥基础研究中心的作用，这些机构必须资金充足且充满活力。它们必须能够吸引最好的科学家去担任教师及承担研究之责。它们必须提供有吸引力的研究机会和足够的报酬，从而能够与工业界和政府争夺最优秀的科学人才。

在过去的25年里，工业研究取得了长足进展，这些研究主要是将科学知识应用于多种实际用途，进而为社会提供新产品、新产业、新投资机会和数以百万计的就业岗位。在同一时期，同样以应用研究为主的政府内部研究也得到了极大的扩展。1930—1940 年，工业研究每年的支出从 1.16 亿美元增加到 2.4 亿美元，政府每年用于科学研究的支出从 2 400 万美元增加到 6 900 万美元。同期，高等院校的科研支出从 2 000 万美元增加到 3 100 万美元，而受捐赠研究机构的科研支出则从 5 200 万美元降至 4 500 万美元。这是目前最为准确乐观的估计。这些数字来自各种渠道，因此定义也不尽相同，但我们相信这些数字可以证实以下趋势：

1. 工业和政府用于科学研究（几乎全部是应用研究）的开支在 1930—1940 年间增加了一倍多。1930 年，它们的研究支出是学院、大学和研究机构的 6 倍，到 1940 年则已经接近 10 倍。

2. 在此期间，高等院校的科研支出增加了 50% 左右，而受捐赠研究机构的科研经费却在缓慢下降。

高等院校和研究机构若想满足产业和政府对新科学知识迅速增长的需求，则应该利用公共资金加强其基础研究。

政府内部的研究

虽然有一些明显的例外，但大多数在政府实验室进行的研究都属应用性质。这一向如此，未来也很可能继续如此。因此政府和工业界一样，需要依赖大学和研究机构来扩大基础科学的前沿，培养训练有素的科学研究人员。

政府的研究是我们整个研究活动的重要组成部分，且在战后更需要加强和扩大。这种扩大应集中于那些具有公众重要性且私人组织无法充分开展的研究和服务领域。

受雇人才的素质是科技工作中最重要的因素。政府目前在招募、评定和奖励这类人员方面所遵循的流程，已经使政府在与工业界和大学争夺一流科学人才方面遇到了严重障碍，应该采取措施减少这种障碍。

在政府中，由众多科学机构组成一个大部门的安排既有优点也有缺点，但目前这种模式已经十分深入人心，且有很多值得称道之处。但是在政策和预算方面，我们确实需要对这些机构的科学活动进行某种程度的协调，但目前尚不存在相关的协调手段。

应建立一个常设科学咨询委员会，以便与这些科学机构进行磋商，并就政府内科研机构的政策和预算等问题向政府的行政和立法部门提供建议。

这个委员会应该由与任何政府机构事务没有利益关联的科学家组成。

工业研究

政府加强工业研究最简单、最有效的方式是支持基础研究和培养科学人才。

基础研究的益处并不会均等地或以同样的速度惠及所有行业。一些小企业从来没有从中受惠。有人建议，如果为这类企业建立“研究诊所”，这些益处就可以得到更好的利用，企业家们便可以比现在更多地利用研究成果。这个建议当然值得进一步研究。

影响工业研究数量的最重要因素之一是所得税法。政府在这个问题上的所作所为将影响工业技术进步的速度。美国国家税务局对于扣除研发费用的不确定性态度阻碍了研究支出。这些不确定性的产生是由于税法对此类费用的处理缺乏明确规定。应当修订《国内税收法典》，以消除目前在将研发支出作为日常费用抵扣净收入方面的不确定性。

研究也受到专利法的影响。专利法的作用是激励新发明，并促进围绕新的设备或新工艺建立新的产业。这些产业会创造新的就业机会和新产品，所有这些都有助于增进国家的福利和实力。

然而，专利法在实施方面的不确定性也削弱了弱小行业将新理念转化为有益于国家的工艺和产品的能力。这些不确定性部分归因于目前的专利制度在执行时所遇到的种种困难以及费用问题。另外这也要归因于在专利使用方面出现的某些滥用情况。这种弊端应当予以纠正。它们导致了肆意的批评性攻击，而这些攻击往往会导致一个基本健全的体系名誉扫地。

重要的是，专利制度应继续以宪法所规定的方式为国家服务，因为它向来是保持我国产业活力并令其脱颖而出的一项必要因素。

国家专利计划委员会就此做了报告。此外，在商务部部长的领导下，我们正在就应当如何修订专利法进行深入研究。因此，我建议在提交专门针对该主题的报告之前，政府不要就专利法采取任何具体行动。

科学信息的国际交流

科学信息的国际交流越来越重要。科学日益专业化，这使得我国科学家持续领先于国外同行这件事，比以往任何时候都更加重要。此外，科学信息的流动也是我们应加以培养的一般国际协定的一个方面。

政府可以通过如下几种方式在科学交流方面取得显著成果：协

助安排国际科学会议，对出席此类会议的美国科学家给予官方认证，以提供翻译服务以及提供国际研究奖学金等方式，对常驻我国的外国科学家予以正式接待，使技术信息的快速流动成为可能。目前，私人基金会和其他团体部分地履行了其中一些职能，但其辐射范围既不完整也不充足。

政府应在促进科学信息的国际流动方面发挥积极作用。

对联邦支持的特别需要

我们不能再指望以被二战蹂躏的欧洲作为基础知识的来源。过去，我们致力于应用国外发现的基础知识。未来，我们必须更加专注于自己发现基础知识，因为未来的科学应用将比以往任何时候都更依赖于基础知识。

必须给我国的研究注入新的动力。这样的动力只能从政府中迅速获得，否则，高等院校和研究机构的研究开支将无法满足公众对研究日益增长的需求。

此外，我们不能指望工业界能够充分填补这一空白。工业能够充分应对将新知识应用于新产品的挑战。在这方面它们可以依靠商业激励。但是基础研究本质上是非商业性的，如果把它交给工业界，必将无法得到应有的重视。

多年来，政府一直在明智地支持农业院校的研究，并取得了巨大收益。是时候将这种支持扩展到其他领域了。

然而，在提供政府支持的过程中，我们必须尽可能地保留私人对工业界、高等院校以及研究机构的支持。这些私人财源应继续承担其研究捐助者的角色。

单个项目的成本

据估计，一个为高等院校和研究机构的基础研究提供联邦支持，以及为涉及公共利益的重要应用研究提供资助的适当项目，其初始成本大约为 1 000 万美元，等到项目进行到第五年底全面展开之际，其年度支出可能会增加到 5 000 万美元。

科学人才的革新

问题的本质

创造新科学知识的责任，全在于那些了解自然基本规律并熟练掌握科学研究技术的人。虽然会有少数未接受过正规教育和培训的人登上科学的巅峰，但这总是例外，而且如果他们能受益于我们所提供的最好的教育，他们甚至可以做出更显著的贡献。哈佛大学校长柯南特的话说得再准确不过：

> 在所有可以使用“科学”一词来指称的领域，人都是其唯一限制因素。我们在某个方向上的进步快慢，皆取决于从

事该工作的真正一流人才的数量……所以归根结底，这个国家科学的未来取决于我们的基本教育政策。

一个警告

以牺牲社会科学、人文科学和其他对国民福祉至关重要的研究为代价来发展自然科学和医学研究，这是一种愚蠢的想法。科学人才发现和发展委员会关于这个问题的详细阐述如下：

> 因此，作为公民，作为优秀公民，在研究眼前问题，即科学人才的发现和发展时，我们必须牢记国民整体福利之需要。我们不能将整个国家的最杰出人才以极端的比例吸收到科学和技术中，因为这样的规划会损害整个国家，实际上也会给科学招致损害……科学不能依靠自身单独存在。
>
> 年轻人的高级才能可运用至多个领域，而这在很大程度上是由社会压力和回报所决定的。当我们精心挑选具有科学才华的青年才俊时，很明显，巨额的奖学金和助学金、不成比例的货币和其他形式回报，都可能会把更多的高级人

才吸引到科学领域，但这样做却会对国家和科学造成严重的损害。科学人才的发现和发展计划必须考虑到社会其他领域对高级人才的需求。……高级人才的数量永远无法满足国家的所有需要；我们不应当将超出科研需求的过多高级人才吸引到科学领域。

战时人才赤字

自 1940 年以来，除了一些在陆军和海军项目中的医学和工程学的学生以及一些上过综合科学研究课程的 4-F[①] 学生，在有资格从事科学工作的年轻人中，几乎没有人超过 18 岁。就我们所知，无论是我们的盟友，还是我们的敌人，都没有像我们如此激进地在战争期间几乎完全停止了他们在科学研究方面的教育活动。

在全力投入战争时，我们遵循着两项伟大的原则。第一，健全的民主原则，即在危险时刻不应有受优待阶层或特权阶层，所

① 在美国义务征兵制中，4-F 是指那些无法正常服兵役的类别。——译者注

有人都应准备做出同样的牺牲。第二，每个人的才能和经验都应当尽其所用，服务于战争需求。总的来说，我们很好地把握了这些原则。

然而，在我看来，那些训练有素的年轻科学家和工程师的伟大天赋，有很多被用到了非科学的目的上。为了国家的整体利益，有太多这样的人投笔从戎，然而他们本身的才能并没有得到充分利用。除了那些从事战争研究的人，所有身体健康、具有研究生水平的学生都被征召入伍。那些本应该上大学接受科学训练的人，也未能获得受训的机会。

这导致了我国训练有素的研究人员日益严重短缺，而且这种情况将持续许多年。理工科学生的缺口约为 15 万人，如果没有战争，他们都已经获得了学士学位。据估计，到 1955 年，在化学、工程学、地质学、数学、物理学、心理学和生物学领域的高学历人才（即经过训练后有能力从事原创性研究的年轻学者）赤字约为 1.7 万人。

由于教学和研究将持续推动对科学人才的需求，因此在战后时期，我们将不得不面对训练有素的科学人员严重短缺的局面。

提升质量

面对这些赤字，我们不得不关注我们基本人力资源的利用，并制订一项对其进行保护和有效发展的方案。就科学人才问题向我提供咨询的委员会提出了以下几项我们应遵循的原则：

> 如果我们全知全能（但我们并不这么认为），那么我们就可以给你制订一个计划，辨别出那些能在20年后成为科学领袖的人，并让他们接受应有的培训。如果有这个能力，我们可能也无须再为科学能力不足的问题而烦心。但以目前的知识水平，我们还无法制订出这样的计划，我们无法只选择和帮助那些有望成为顶级科学研究者的年轻男女。要造就顶级的科学研究者，我们就必须先选择一个相对较宽泛的范围来对高级人才进行选拔，然后在后续时间和更高的层次上不断地进行筛选。没有人能直接从最底层选出顶级的人才，因为一个人是否会成为顶级研究者，会受到很多无法衡量的和未知因素的影响。这些因素包括智

力和性格、精力和健康、幸福感和精神活力、兴趣和动力，而且谁也不知道还有什么因素会必须包含在这个超级数学演算之中。

我们认为，即使全知全能，我们可能也不会给你一份可以让你一举造就顶级科学家的计划。我们之所以有如此想法，是因为我们并不热衷于设立一个特权集团。在这个立宪共和国中，我们认为最好的计划是为各种各样的人和拥有各种条件的人提供机会，以使他们能够自我提升。这是美国的方式，这就是美国何以为美国的原因。我们认为非常重要的是要营造出一种环境，即在这个国家之中，除了能力本身，任何人在智力上的雄心都不会受到任何限制。我们认为非常重要的是，每个男孩和女孩都应该知道，如果他们能够展现出自己的能力，他们的前途都将不可限量。即使后来证明他们没有取得顶级成就的必备条件，但如果他始终知道自己前面是一片没有止境的前沿，他也能够比原本走得更远。

通过一点一点地前进并进行总结，向那些表现出自己值得拥有进一步机会的人提供更多机会，向那些证明自己在不断向前的人提供最多的机会，这就是我们建议的人才发现和发展方式，这就是美国人的方式：一个人为成就自己而努力。

消除障碍

这个国家的高等教育主要是为有钱人准备的。如果那些有钱人恰恰是那些有才能的人，我们就不会把高等教育的部分资源浪费在那些不值得接受高等教育的人身上，也不会忽略掉那些因经济原因未能上大学的人的优秀才能。每个阶层都不乏才华横溢的人，但除了少数例外，那些没有能力支付高等教育费用的人都得不到接受高等教育的机会。这是对一个国家最宝贵的资源，即公民智慧的严重浪费。

如果以能力而不是家庭财富决定谁应该接受科学的高等教育，那么我们就可以保证科学活动的质量能够在每一个层次上不断得到改进。

决不要让军人成为失去的一代

我们的科研人员严重短缺，部分原因是那些本应在高等院校研究科学的人一直在军中服役。许多人在参战之前就已经开始了科学研究。还有一些具有科学教育能力的人在高中毕业后就奔赴了战场。要想弥补科研人员的短缺，最直接的办法就是从穿制服的一代人中挖掘科研人才。因为即使我们现在就开始培养当前的高中毕业生，他们也要到 1951 年才能完成研究生学业并正式迈入实际科学研究的大门。这一事实凸显了从军队中发现潜在科学家的必要性。

武装部队应通过整理档案找出战争之前或战争期间就已经展现出科学才能的那些人。他们应根据当前的退伍计划做出及时安排，以便能在军事条件允许的情况下，尽快令那些服役军人前往本地或海外的研究机构，重启他们的科学教育。此外，他们应该认识到，那些在国外留学的人亦可受益于世界各地的最新科学发展。

一项规划

我国的五年级男孩和女孩的入学率达到了 95%，这一点颇让人自豪，但五年级后开始下降的入学率却无法让人欣喜。每 1 000 名五年级学生中有 600 人在高中毕业前就失去了受教育机会，只有 72 个人能够将其正规教育延续至大学毕业。虽然我们主要关心的是选拔高中毕业生以及在大学和更高层次教育他们的方法，但潜在人才流失的现状确实无法让我们满意。

学生们从中学、大学和研究生院退学，或者无法得到足够教育机会的原因有很多：他们负担不起继续接受教育的费用；当地没有合适的中学和大学；许多有前途的人本可以完成他们能胜任的学业，但商业和工业界却提早给他们提供了就业岗位。还有一些特殊因素在影响学生的科研热情：科学道路漫长而代价高昂，高中毕业后至少还要再继续学习 6 年，只有很少比例的理工科学生能在离家不远的院校获得一流的训练。

科学教学的改进势在必行。高中教学经常无法激发学生的兴趣，也不能提供足够的指导，这令具有潜在科学能力的学生深受其害。为了扩大科研人才队伍，我们有必要增加大学生的整体人数。这就需要我们改善高中教育，帮助那些有天赋的学生完成高中学业（主要是当地社区的责任），以及为更有能力、更有前途的高中生提供上大学的机会。不能做到这一点，则意味着对高等教育资源的严重浪费和对人力资源的漠视。

为了鼓励和支持更多有能力的年轻人从事科研事业，也为了弥补受训科技人员的短缺，我们建议设置一定数量的本科奖学金和研究生奖学金以及高级培训和基础研究的补助金，具体细则可依据各州以及大学和学院的利益协商制定，另外应注意不要损害有关机构和个人的自由。

根据科学人才发现和发展委员会所建议之规划，我国每年可为 24 000 名本科生和 900 名研究生提供奖学金，这一方案若得到全面实施，则每年将花费约 3 000 万美元。该项目计划每年向高中毕业生提供 6 000 个本科奖学金，向大学毕业生提供 300 个研究生奖学金。在评估这一项目的成本时，我们大致参考了为退伍军人教育计划所提供津贴的规模。

此外，该计划还规定，凡是接受此类奖学金或补助金的人都应加入国家科学储备队，并有义务在战争期间或者在国会或总统宣布的其他国家紧急状态下从事与科学和技术相关的政府服务工作。因此，除了因增加这样一批训练有素的科学工作者而给国家带来的一般利益，有这样一批科学工作者在国家紧急情况下待命也是国家之幸。因此，即便只是为了应对国家防务这一个益处（实际益处当然不仅仅如此），政府也应当积极考虑对这一规划予以资金支持。

科学的回归问题

为战争进行科学动员的效果

我们一直靠储备生活。5 年多来，我们的许多科学家一直在实验室、工厂、商店和前线作战。我们引导科学家聚焦于新武器、新材料的研制和新方法的应用，让他们把大量精力投到科学研究和开发办公室以及其他政府机构发起和控制的大量研究范围相对狭窄的项目上。在紧急形势下，科学家们像军队一样被动员起来并服务于国家。他们的工作转向了一个前所未有的宽广领域，但也在很大程度上偏离了对基本问题的探寻，偏离了关乎人类福祉和进步的研究。这不是抱怨，而是事实。后方的科学动员在帮助前线的战士赢得战争并缩短战争；它还附带积累了大量用于解决特定问题的实用科学经验和知识，其中的很多都可以在战争结束后投入应用。我们的国家有幸得到了科学家的助力，而且时间也站在了我们一边，我们才得以提前取得战争的胜利。

应立即解除安全限制

战时所获得的许多信息和经验都被限制在了收集这些信息的机构。然而为了公众的利益，除非军事安全部门另有规定，这些知识其实应得到更为广泛的传播。

多亏了战争部长和海军作战部部长的明智安排，战时医学研究的大部分成果已经公之于众；专业期刊上已发表数百篇相关的文章，许多内容则正在出版过程中；那些仍属于保密等级的资料也应尽快公开。

我的观点是，针对其余的大部分机密科学材料，只要有证据表明敌人无法将其变成在战争中对付我们的武器，我们就应当将其公开。工业和教育所需要的大部分信息，都可以在不披露其在军事材料和设备中实际应用的情况下予以公开。我们基本上没有理由认为，其他国家的科学家不会及时发现我们现在所知道的一切秘密信息。科学信息的广泛传播可以很容易带来更多的进步，而且与限制举措相比，它更能为我们的国家安全打下坚实的基础。尽管我们期盼着限制政策能够阻止潜在敌人对我们的追赶，但它也会阻碍我们自身的进步。

让选定的科学家小组对某项专门问题展开研究，同时隔绝各个研究小组之间的沟通，这在战争期间确实有一定的必要性。尽管所有相关方都意识到这只是一项紧急措施，而且阻碍了科学进步所必须倚仗的相互交流，然而在战争期间，为了和时间赛跑，科学研究与发展办公室仍不得不坚持这一做法。

我们战胜未来潜在敌人的能力取决于科学的进步，而科学要想更快速地进步，则更需要知识的传播，而不是对现在所掌握的知识进行长久的限制。

需要协调

在规划与战争有关的科学数据和经验的发布时，我们决不能忽视一项事实，那就是陆军、海军、科学研究与发展办公室、国家航空咨询委员会、政府的其他部门和机构、教育机构以及许多工业组织都是科学研究的组织者。在不同地方都有对同一真理的独立发现，这并非孤例。因此，允许一家机构发布信息却继续在其他地方实行限制，在其效果上是不公平的，而且会损害科学家的士气和效率，因为他们本来就因为战争带来的控制和限制牺牲了个人利益。

部分当下应公开的机密信息属于我们和盟友共同所有。我们应当就这些信息的公开方案与盟友展开协商，以尽量减少因零星不受控制信息的公开而引发的国际摩擦风险。

一个控制信息发布的委员会

负责建议发布军事机密信息的机构应该是具备扎实科学和技术基础的陆军、海军以及民用机构。此类机构应当有能力为战争部长和海军作战部部长提供建议。此外，为了确保做出迅速和实际的决策，它也应得到充分的承认。

为了满足这些考量，我建议设立一个由同等人数的科学家和军人组建的委员会，其职能是对信息解密做出审议，并控制目前仍属保密级科学信息的公开发布。

应当鼓励出版

使信息解密并发布，这只是解决问题的一小步。另一步则是准备材料并以有利于传播和使用的形式和价格出版。就科学研究与发展办公室而言，随着以战争为目的的研发压力有所减弱，我们已经为各类手稿的撰写做出了安排。当然，目前我们的人员仍然在岗并完全控制着这些信息。

我们应该以合适的格式和低廉的价格，快速地将这些科学材料送至各地科学家手中。我们也应该让在海外学习的学者掌握这些信息，以让其了解国内的各项进展。

建议所有拥有解密科学信息的政府和私人机构立即采取措施，以鼓励和便利报告的编写和出版。

实现目的之手段

政府的新职责

几个委员会的报告都清晰地给出了一项建言，那就是联邦政府应承担新的责任，以促进我们新科学知识的创造，培养青年科学人才。

关于这些新职责的范围和性质，各委员会都在报告中做了详细说明，它们在这些方面的建议得到了委员会委员的充分认可。联邦政府应当提供资金，以促进这些职责的履行。我们已经就如何对联邦基金的使用进行合理安排和深入思考，以使其不会对地方政府、基金会和私人捐助者的资金产生挤出效应。我们相信，我们的建议将把这种影响降到最低限度，但我们不认为可以完全避免这种影响。然而，我们认为，既然国家需要更多更好的科学研究，那就必须承担这种风险。

同样清晰的是，对这些职责的有效履行，将需要某一专门致力于这一目的之机构的全面参与。为此政府内部应设置一个协调中心，以统一规划来协助政府以外的科学研究。此机构应提供支持高等院校进行基础研究所需的资金，应尽可能协调对国民福祉至关重要的研究计划，应协助政府制定科学的国家政策，应支持国内外科学家和实验室之间的科学信息交流，以及应确保工业和大学的研究激励得到维系。就这些问题提供咨询意见的所有委员会一致认为有必要设立这样一个机构。

机制

政府部门内部有许多以科学研究为主要关注点的团体。我们在农业部、商务部、内政部和联邦安全局内都能找到明显的例子。这些团体将科学视为所在部门主要任务的附带和次要问题。这些团体应保留在原组织内，并继续履行其目前职能，包括通过向赠地学院和实验站拨款来支持农业研究，因为它们最大的贡献在于将基础知识应用于所在部门的具体问题之中。

出于同样的原因，这些小组也不能承担在科学方面的新型及重大研究责任，因为后者乃是属政府必须且应主动承担的职责。本报告中关于政府内部研究、科学信息公开、税法厘定以及军队科学人才的挖掘和培育等方面的种种建议，通过现有的政府结构便可以得到贯彻执行。但是，在目前从国会获得资金的政府机构中，没有一个团体能够为大学的医学及自然科学基础研究提供适当的支持，没有一个团体能够支持海陆两军的新武器研究，也没有一个团体适合于执行科学奖学金和补助金项目。

因此，国会应为此目的设立一个新机构。不仅如此，这样的机构还必须是一个专门致力于科学研究和高级科学教育的独立机构。在多年前工业界就认识到，若只是把基础研究作为经营机构或部门的附属或分支，我们便不可能真正取得成效。经营机构有直接的经营目标，并要在持续压力下开展有形生产，这就是它们存在价值的评价标准。这些条件都不适合基础研究。研究是对未知事物的探索，并且必然充满不确定性。常规方法、传统和标准都会对科学研究产生抑制作用。科研根本无法在一个以经营或生产作为评价和检验标准的环境中取得令人满意的成果。因此，基础科学研究不应置于经营机构之内，因为研究并非经营机构关心的头等大事，和经营同台竞争时，研究总不免处于下风。在这些问题上提供咨询的所有委员会都同意设立一个新的独立机构。

我深信这些新职能应集中在一个机构中。科学从根本上讲是一元的东西。独立机构的数量应保持在最低限度。例如，医学上的许多进步将来自化学的根本进步。如果设置机构过多，科学将会被分隔在一个个狭窄的隔间中，届时整个科学知识的发展不但得不到促进，还会受到阻碍。

五项基本原则

要保持政府对科学研究和教育支持的有效性，并且避免损害我们寻求培育之事物，我们必须遵循如下几项基本原则。

1. 无论支持的程度如何，资金都必须在几年内保持稳定，以便可以推进长期计划。

2. 负责管理此类资金的机构应由经选拔的公民组成，且选拔过程仅根据其对促进机构工作的兴趣及能力为依据。这些人应该对科学研究和教育的特殊性有广泛兴趣和理解。

3. 机构应通过合同或赠款的形式促进联邦政府以外组织的研究。它不应自行运营实验室。

4. 在对公立和私立大学及研究机构的基础研究提供支持时，须保留这些机构对政策、人员、研究方法和研究范围的内部控制权。这至关重要。

5. 在确保接受公共资金的机构所进行之研究的性质、范围和方法完全独立和自由的同时，在保留此类机构之间资金分配的酌处权的同时，在此提议成立的基金会也必须对总统和国会负责。只有通过这种责任，我们才能在科学与民主制度的其他方面之间保持适当的关系。当然，审计、报告、预算编制等常规控制应适用于基金会的行政和财政业务，但须根据研究工作的特殊需要在程序上做出必要的调整。

基础研究是一个长期的过程，如果我们寄希望以短期支持产生即时结果，那么它就不再是基础研究。因此，应想方设法使机构能够以经常性拨款中 5 年或更长时间的规划承付经费。这些规划及其支持能否保持连续和稳定，则取决于国会能否认识到科学研究对公众的好处，以及研究者是否坚定相信在该机构的主持下，高质量的研究工作将得到源源不断的支持。

军事研究

如本报告前面所述，为做好军事准备工作，我们需要一个常设的、独立的并且由文职人员掌控的组织，该组织应当与陆军和海军保持密切联系，但其资金直接来自国会，且拥有开展军事研究的明确权力。这一组织所开展的科学研究，将对陆军和海军直接控制下的研究构成强化和补充。作为临时措施，美国国家科学院已应战争部长和海军作战部部长的要求成立了国家安全研究委员会。为了战时紧急情况下成立的科学研究与发展办公室撤销后科学家与军人之间的关系不致中断，这是非常必要的措施。国会现在正在考虑立法以直接拨款的方式为该委员会提供资金。

我认为，作为一项永久性措施，应在执行本报告建议的其他职能所需机构中，适当增添由文职人员发起及控制的研究职责。这一文职团队的主要职能是就军事问题进行长期科学研究，军队的研究部门则负责研究现有武器的改进。

一些军事问题的研究，无论是在和平时期还是在战争时期，都应该由独立于军事机构的文职研究人员来负责。陆军和海军的主要职责是训练士兵、研发武器、采纳能克敌制胜的战略。一个大国能否在全面战争中取胜，关乎多个复杂的领域，而我们不能指望部队能够精通所有的复杂领域。某些类型的研究，例如对现有武器的改进，最好在军事机构内完成。然而，涉及将最新科学发现应用于军事需要的长期研究工作，应由大学和工业界中的文职科学家负责。他们受过最佳训练，能够彻底和成功地完成这项工作。重要的是，这两种研究都要继续进行，两个小组之间要保持最密切的联系。

将文职军事研究的职能置于提议的机构中，将使其与自然科学和医学领域广泛的基础研究计划紧密呼应。因此，军事和其他研究之间也很容易保持平衡。

包括文职军事研究团队在内的新机构的筹建工作不应因国家安全研究委员会的存在而被延迟，毕竟国家安全研究委员会只是一项临时措施。新机构的建立也不能因为战后军事部门自身组织的不确定性而被推迟。包含了文职军事研究团队的新机构显然可以保持足够的灵活性，能够适应军事部门的最终组织形式。

国家研究基金会

我的判断是，成立一个国家研究基金会可以最好地激发国家对科学研究和科学教育的兴趣。

一、目的

国家研究基金会应制定和推广国家的科学研究和科学教育政

策，支持非营利组织的基础研究，通过奖学金和研究补助金培养青年科学人才，并通过合同和其他方式为军事研究长期提供支持。

二、委员

1. 对人民之责任应通过总统和国会的授权，交由（比如）9 位委员承担。这些委员由总统根据其对促进基金会宗旨的兴趣和能力选拔产生，他们应当与政府没有其他联系，且不应成为任何特殊利益的代表，对外称呼为国家研究基金会委员。

2. 委员的任期应为（比如）4 年，任期满 4 年不能连任。应安排第一次任命的委员的任期，以便在接下来的一年中可以至少任命两名委员。

3. 委员应无偿任职，但有权就履行职责所产生的费用获得补偿。

4. 委员应每年选举自己的主席。

5. 基金会的总负责人应由全体委员任命的一位主任担任。该职位应在基金会委员（作为董事会）的领导和监督下履行基金会的所有财务、法律和行政职能，且应具有足以吸引杰出人才的薪资水平。

6. 应设立一个对主任负责的行政办公室，以集中行使各种必需的财政、法律、人事和其他类似行政职能，实现基金会宗旨。

7. 除主任、部门委员以及由主任任命的负责各部门事务的干事外，基金会的所有员工均应根据公务员制度条例委任。

三、组织

1. 为了实现基金会的宗旨，委员会应建立几个对委员负责的专业部门。在最初，这些部门应包括：

- 医学研究部门。该部门的职能为支持医学研究。
- 自然科学部门。该部门的职能为支持物理和自然科学领域的研究。

- 国防科学部门。该部门的职能为支持军事领域的长期科学研究。
- 科学人事和教育部门。该部门的职能为支持和监督科学领域奖学金和研究补助金的颁发。
- 出版和科学协作部门。该部门负责鼓励科学知识的出版和促进科学信息的国际交流。

2. 基金会每一部门应至少由基金会委员任命的 5 名成员组成。在做出这样的任命时，委员们应咨询并参考国家科学院的建议。国家科学院应按照委员们的要求，设置一个新的国家研究基金会提名委员会，以汇集所有组织中科学家的建议。每个部门的主管应由基金会的委员任命。

3. 部门成员的任命应由基金会委员决定，并由委员酌情决定是否连任。在从事基金会的业务时，这些成员应按（比如）每日 50 美元的标准获得服务补偿和酬劳，但任何部门成员每年不得获得超过（比如）10 000 美元的酬劳。

4. 国防部门除应包括（比如）5 名文职成员外，还应包含一名由战争部长指定的代表和一名海军作战部部长的代表，他们不应从此职务中获得额外酬劳。

国家研究基金会的拟设机构

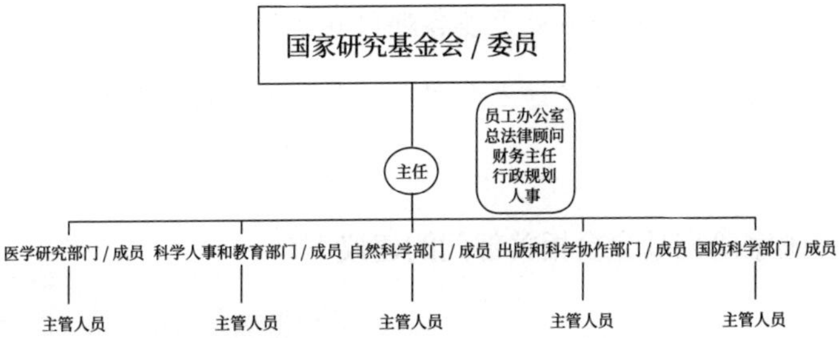

四、职能

1. 基金会委员应具有以下职能、权利和义务：

- 制定基金会的总体政策。
- 在美国及其属地设立并维持其认为必要的办事处。
- 在美国及其属地的任何地方举行会议和行使职能。

- 在其他政府机构的允许范围内获取并利用这些机构的服务。
- 为执行法律规定以及基金会的政策和惯例而采纳、颁布、修订和废除规则及条例。
- 审查并平衡各部门的财务需求，并向总统提交每个部门所需资金的年度概算。对各部门的拨款应做到专款专用，但基金会不应干涉各部门资金的支出。
- 通过谈判为研究订立合同或拨款，无须进行招标。

并在国家研究基金会相关部门的建议下：

- 依照其判断设立州、地区或国家级的咨询和合作机构及理事会，以帮助实现立法之目的并支付其费用。
- 与教育和非营利研究机构订立合同或向其提供资助以支持科学研究。
- 在适当的单位、机构或组织中发起和资助有关国防问题的研究。
- 在适当的组织中发起和资助现有设施不可用或不足的研究项目。

- 建立包括生物学和医学在内的自然科学的奖学金和研究补助金。
- 促进科学技术信息的传播并促进其国际交流。
- 通过为国际会议、科学协会和在国际上组织的科学研究计划提供资助，支持国际科学合作。
- 设计和推广各种方法，以改善从研究到工业实际应用之间的过渡。

2. 各部门应就以下事宜对基金会委员负责：

- 具体部门范围内规划和政策的制定。
- 关于在研究组织之间分配研究计划的建议。
- 基金会与被选定执行规划的组织之间的适当安排建议。
- 与州和地方当局就科学奖学金和研究补助金的合作方案提出建议。
- 对具体部门的研究质量进行定期审查，并修订研究资助计划。
- 提出各部门工作的财务需求预算。
- 与其他与该部门工作有关的政府及私人科学研究机构保

持联系。

五、专利政策

国家研究基金会能否成功地促进美国的科学研究，在很大程度上取决于政府以外的组织的合作。基金会在与此类组织签订合同或给予资助时，既要充分保护公众利益，又要给合作组织推进科学研究的足够自由和动力。如果受基金会资助研究所获取的任何专利，在用于公共目的时都能获得免专利税许可，那么公众利益通常会得到充分保护。研究机构不应因获得基金会资助就必须承担专利发现的义务。当然，我们也决不能强制要求将这些发现的所有权利转让给政府，但在特殊情况下公众利益是否需要这种权利的让渡，则应由主任和部门自行斟酌。在有关这一点上，相关法律应保留基金会委员对专利政策的自由裁量权，以便其依据形势和公共利益的需要对专利安排做出调整。

六、特别授权

为了确保有能力和经验的人可以被指定为基金会委员和多个专

业部门的成员，有关建立基金会的立法中应包含特定授权，以便使基金会委员和各部门成员可以从事私人和有酬工作，无须顾忌任何其他相关的法律禁令。但条件是，任何根据合同接受资金的营利机构，或与个人有关的基金会部门，都不得以任何形式对此类雇用进行补偿。在正常情况下，鉴于对政府官员双重利益的限制性法律禁令，我们几乎不可能说服任何从事私人工作的人以官方身份为政府服务。但是，为了确保最杰出的人才能够以基金会委员或部门成员的身份提供非全时服务，我们应在规定的范围内放宽这些禁令。

研究不同于标准化项目的采购，因为后者容易受到固定规格的竞争性招标的影响，因此，建立国家研究基金会的立法也应使基金会免于承担通过招标签订研究合同的义务。尤其是要考虑到，一份研究合同是否成功的测度标准并不在于其货币成本，而在于对我们的知识所做出的质量和数量贡献。反过来，这种贡献的程度又取决于如何在研究实验室中发挥创新精神和才能。因此，国家研究基金会不仅需要能够自由地与那些具有研究能力的机构签订研究合同或为其拨款，还必须可以与那些具有潜在能力或创新氛围的机构签订研究合同或为其拨款。

就像在战争期间由科学研究与发展办公室所资助的研究一样，由国家研究基金会资助的研究也通常以实际成本进行，获得研究合同或补助的机构不应追求任何利润。

还有一个需要特别注意的事项。由于研究不属于通常合同关系适用的正常商业或采购业务范畴，因此对研究合同的执行方而言，它们必须放弃某些法律和法规上的财政要求。例如，国家研究基金会应通过立法获得制定、修改或修正各种合同的权力，无论有没有法律对价，也无须考虑履约保证。同样，基金会主任应酌情决定是否允许预付款。最后，总审计局也应当放宽对研究合同执行方的凭据要求，不应要求其必须根据成本合同提交逐项详细列出的实体凭证。就研究合同而言，死板遵守通用程序将损害研究工作的效率，并将不必要地增加政府的工作成本。如果没有《第一战争权力法案》和因其施行的行政命令的宽泛授权，没有总审计局对凭据要求给予的特别宽限，科学研究与发展办公室在这场战争中的军事研究将受到严重阻碍。与商业机构不同，高等院校的研究主要是通过与基金会签订合同的方式进行，它们没有能力处理一般政府承包商所必须应对的那些繁杂凭证流程和审计上的细节。

七、预算

几个委员会的研究为实施拟议规划所需资金数量的估算提供了部分基础。显然，该规划应该以健康的方式开展，尤其是在开始时要保持适度节奏。以下是关于基金会成立并运行后的第一年，以及运营达到预计稳定水平的第五年所需经费的一个非常粗略的估计：

活动	百万美元	
	第一年	第五年
医学研究部门	5.0	20.0
自然科学部门	10.0	50.0
国防科学部门	10.0	20.0
科学人事和教育部门	7.0	29.0
出版和科学协作部门	0.5	1.0
行政机构	1.0	2.5
合计	33.5	122.5

国会的行动

本报告所提议的国家研究基金会可以满足未来一段时期的紧迫需求。本报告所建议的组织形式是经过深思熟虑的结果。形式很重要，过去30年，国家航空咨询委员会的组织模式有效促进了对飞行问题的基础研究，在基金会委员的任命方式及其职责确定方面，我们认真参考了这一极度成功的模式。此外，无论制订何种规划，满足五项基本原则都至关重要。

立法是必要的。起草时应格外慎重。但是，如果这个国家要应对科学的挑战并充分利用科学的潜力，就必须尽早采取行动。我们国家的未来，在很大程度上取决于我们将科学用于解决未来问题的智慧。

报告概要

科学进步至关重要

新科学知识的涌现决定了与疾病做斗争的进展。要想发展新的产品、新的行业，提供更多工作岗位，我们就需要不断增加对自然规律的认识，并将其应用于实际目的。同样，为了防御侵略，我们也需要利用新知识开发新武器，改进现有武器。只有通过基础科学研究才能获得我们必不可少的新知识。

无论是在和平时期还是战争时期，科学都只是以团队中一员的身份贡献于国民之福祉。但是如果没有科学进步，其他方面再多的成就也无法确保我们作为一个国家在现代世界中的健康、繁荣和安全。

为了与疾病做斗争

我们在与疾病的斗争中取得了巨大的进步。包括海外部队在内的全军各类疾病死亡率，已经由一战的14.1‰下降到二战的0.6‰。在过去的40年中，美国人的预期寿命从49岁增加到65岁，这主要源于婴儿和儿童死亡率的下降。但是我们离目标还很远。每年仅一两种疾病所造成的死亡人数就远远超过我们在二战中失去的生命总数。平民人口的死亡大幅缩短了我国公民的有效寿命。在美国大约有700万人患有精神疾病，每年他们的护理费用超过1.75亿美元。显而易见，仍有许多疾病尚未有充分的预防和治疗手段。

在与疾病做斗争的过程中，医学和基础科学的基础性研究至关重要，而这方面的责任主要落在医学院和大学身上。然而我们发现，捐赠收益、个人捐款和基金会资助仍是医学研究的主要传统资助来源，但来自这些渠道的资助正在日益减少，且目前还看不到这一趋势发生改变的可能。与此同时，研究成本正在逐步上升。如果我们要保持过去25年在医学方面取得的进步，政府就应该向医学院和大学的基础医学研究提供资金支持。

为了国家的安全

与德军U形潜艇的艰苦卓绝战斗实则是一场科学技术之战，而我们在其中只能说是略占上风。雷达为我们安上了新式眼睛，但它们也会被新的科学发展所蒙蔽。V-2型导弹还无法拦截，只能靠摧毁发射点来应对。

我们要努力追赶，不能再依靠我们的盟友来阻挡敌人。在和平时期，我们必须进行更多、更充分的军事研究。重要的是，在和平时期的文职科学家也应当和在战时一样，继续为国家安全做出其应有的贡献。最好的办法是设立一个由文职人员掌控的组织。该组织应当与陆军和海军保持密切联系，但其资金直接来自国会，且拥有开展军事研究的明确权力。这一组织所开展的科学研究，将对陆军和海军直接控制下的研究构成强化和补充。

为了公众的福利

我们的希望之一是战争结束后将有充分的就业机会。为了实现这一目标，美国人民必须充分发挥创造力和生产能力。为了创造更多的就业，我们必须制造出新的更具吸引力的和更便宜的产品。但新产品和新工艺并非生来就成熟，它们都建立在新的原理和概念之上，而这些新的原理和概念则源自基础科学研究。基础科学研究是科学资本。此外，我们不能再依赖欧洲作为这种科学资本的主要来源。显然，更多和更好的科学研究是实现充分就业目标的一个必要条件。

我们如何增加科学资本？首先，我们必须有大量接受过科学训练的人，因为新知识的创造和把新知识应用到实际目的都有赖于他们。其次，加强建设以高校和研究机构为主的基础研究中心。这些机构能提供最有利于创造新科学知识的环境，研究者在这里无须承担取得即时成果的压力。除了一些明显的例外，大多数行业和政府研究都专注于将现有科学知识应用于实际问题，只有高校和一些研究机构才能将其主要精力致力于扩大知识的前沿领域。

1930—1940 年，工业界和政府每年的研究支出从 1.4 亿美元增加到 3.09 亿美元，同期，高等院校每年的科研支出从 2 000 万美元增加到了 3 100 万美元，而受捐赠科研机构每年的科研支出则从 5 200 万美元减少到 4 500 万美元。高等院校和研究机构要满足工业界和政府对新科学知识日益增长的需求，则应该利用公共资金加强其基础研究。

要使科学成为事关国民福祉的一个强大因素，政府和工业界就必须开展充满活力的应用研究。为了提高政府内部的科研质量，应采取措施修改科学人才的招募、评定和奖励程序，以减少目前政府科学部门在与工业界和大学竞争顶级科学人才方面的障碍。应建立一个常设科学咨询委员会对政府内科研机构的政策和预算等问题展开协调，并就此方面的问题向政府行政和立法部门提供建议。

政府促进工业研究的最重要方式是通过支持基础研究来增加新科学知识的流动，促进科学人才的培养。此外，政府应采取激励举措，鼓励工业界开展研究活动：（1）应当修订《国内税收法案》，以消除目前在将研发支出作为日常费用抵扣净收入方面的不确定性；（2）加强专利制度以消除弱小行业在此方面的疑虑，并防止一个基本健全系统的信誉遭到滥用。此外，应该找到办法，使基础研究的好处惠及尚未利用新科学知识的行业。

我们必须革新我们的科学人才

创造新科学知识及其大多数应用的责任，全在于那些了解自然基本规律并熟练掌握科学研究技术的人。我们在任何科学前沿进步的快慢，取决于探索科学前沿的高素质人才数量的多寡。理工科学生的缺口约为15万人，如果没有战争，他们都已经获得了学士学位。据估计，到1955年，在这些领域的高等学历人才赤字约为1.7万人——从进入大学到获得科学或工程方面的博士学位或同等学历，至少需要6年的时间。新科学知识的生产率及其在抗击疾病以及新产品和新产业发展方面的真正限制，是我们能拥有多少训练有素的科学家。

培养科学家是一个漫长而昂贵的过程。研究清楚表明，每个阶层都不乏才华横溢的人，但除了少数例外，那些没有能力支付高等教育费用的人都得不到高等教育的机会。如果以能力而不是家庭财富决定谁应该接受科学的高等教育，那么我们就可以保证科学活动的质量能够在每一个层次上不断得到改进。政府应提供合理数量的大学奖学金和研究生奖学金，以培养美国青年科学人才。科学人才的发现和发展计划必须考虑到社会其他领域对高能力人才的需求，不应当将超出科学需求的过多高级人才吸引到科学领域之中。

挖掘现役军人中的人才

要弥补科学人才的不足，最直接的办法就是培养现役军人中的科学人才。即使我们现在就开始培养这批高中毕业生，他们在1951 年之前也无法完成研究生学业。武装部队应通过整理档案找出战争之前或战争期间就已经展现出科学才能的那些人。他们应根据当前的退伍计划做出及时安排，以便能在军事条件允许的情况下，尽快令那些服役军人前往本地或海外的研究机构，重启他们的科学教育。此外，军队应该认识到，那些在国外留学的人亦可受益于世界各地的最新科学发展。

必须解除限制

尽管大多数的战争研究事关将现有科学知识应用于战争的问题而不是基础研究，但这些研究也积累了大量用于解决特定问题的信息。其中的大部分可以投入工业应用。国内的高等院校和海外的军事院校也需要利用这些知识开展教学。这些信息中的一部分仍必须处于保密状态，但对大部分信息而言，只要有证据表明敌人无法将其变成在战争中对付我们的武器，我们就应当将其公开。我们应迅速成立一个由陆军、海军以及文职科学家组成的委员会，以选出可解密的信息，协调其发布并明确鼓励其出版。

行动纲领

鼓励我们新科学知识的涌现和青年科学人才的发展，这应当成为政府的新职责。这些责任是政府的当务之急，因为它们极大地影响着我们的健康、工作机会和国家安全。这也符合美国鼓励开拓新前沿的一贯基本政策，而且是一种更为现代的做法。多年来，政府一直在明智地支持农业院校的研究，并从中取得了巨大收益。是时候将这种支持扩展到其他领域了。

对这些职责的有效履行，将需要某一专门致力于这一目的之机构的全面参与。但是，在目前从国会获得资金的政府机构中，没有一个团体能够为大学的医学及自然科学基础研究提供适当的支持，没有一个团体能够支持海陆两军的新武器研究，也没有一个团体适合于执行科学奖学金和补助金项目。

因此，我建议应为此目的设立一个新机构。这样一个机构应该由兴趣广泛、经验丰富，且对科学研究和科学教育的特殊性有一定了解的人组成。它应该有稳定的资金，以便能够实施长期计划。它应该认识到必须保护研究自由，并且应该把对政策、人员以及研究方法和范围的内部控制权留给这些研究机构。它应该就此规划对总统完全负责，并通过总统向国会负责。

如果这个国家要在未来关键的几年里应对科学的挑战，就必须尽早采取这些建议。我们这个国家的未来，将在很大程度上取决于我们如何在抗击疾病、创建新产业以及增强武装力量方面运用科学的智慧。

第三部分
拓展评论

向上捅破天，向下扎到根

任正非

华为创始人

习近平主席在与科学家座谈时讲了基础教育、基础研究、基础理论、基础工业，也讲了科学家的好奇心驱动。国家不仅要重视科学理论、工程技术的研究，也要重视一些不以应用为目的的纯研究，不然我们怎么能向上捅破天呢？我们这么大的经济总量，允许一部分人是“梵高”应该是可以的。在科学史上，有一种生存了 8 000 万年的蛭形轮虫，多少科学家研究了数十年，有些科学家因找不到雄性蛭形轮虫而大光其火，实际上他们已经走到诺贝尔奖的边上了，最后由比利时科学家发现它是单性繁殖。两性繁殖，两条基因链的结合会产生突变，会产生优秀的一代。当然，不健康的就流产了，自然淘汰。那么单亲繁殖的基因链若有病变、有问题，遗传下去不就灭绝了吗？她发现蛭形轮虫的基因链会断裂，又会重新整合，也会发生突变，这不就是优选吗？所以它们经历 8 000 万年，经历多少灾难，还存活下来了。

我国的经济总量这么大，这么大的一棵树，根不强是不行的，根扎不深，树是不稳的，万一刮台风呢？我们拧开水龙头就出水的短、平、快的经济发展模式是不可持续的。我国的基础工业还不强，小小一滴胶就制约一个国家的故事，我们已经看到了，这是分子工程，是高科技中的高科技。而这几千种胶、研磨剂、特种气体……都是高科技中的高科技，我国现在还基本生产不了。很多种技术一年的需求量只有几千万美元、几百万美元甚至更少，试看泡沫经济下有几个公司肯干这种事？但缺一种就会卡了一个国家的脖子。

过河需要船和桥，我们有了很好的科学目标，过河的船夫就是人才。人才来自教育，因此，国家的发展根本在教育。我们振兴中华，不是靠口号，而是要靠“船”和“桥”。科教兴国、技术创新是符合客观规律的。

我国每年有七八百万大学毕业生，加上中专生大约有 1 000 万，聪明人很多，如果允许差别化的教育，就是姹紫嫣红。一二一，齐步走，同质化就缺少活力，就不易产生天才。我们孩子的好奇心正被我们的教育与妈妈磨灭，试问还有几个把打屁虫放在嘴里的达尔文式的孩子产生，没有对自然的观察，没有好奇心，何来科学家，何来门捷列夫。世界有一个乔布斯就改变了移动互联网。差异化就容易产生尖子，政策要支持少数人因材施教。同时，也要重视农村教育，现在有些种田能手、养猪状元，如果他们过去有机会受到系统教育，也许就能成为精英、天才。早期中国共产党的领袖大多来自农村，毛泽东、粟裕……我们今天的农村孩子中，怎么知道不会有明天的爱因斯坦呢？深圳很重视中小学教育，全国达到深圳的水平可能有一些困难，但如果国家每年给边远地区一些经费，让穷孩子每天能吃上二两肉，也许比修些大房子强。房子总会旧的，孩子总会成为博士的，而且他们会更忠于祖国。那么二三十年后，我们的创新能力就大幅度增强，与美国的差距会适当缩小。没有创新是支撑不了我们这么大的经济总量持续发展的。

在科学、技术、工程领域，不同人才选择不同的方向，从而充分发挥每个人的才智。多学科交叉突破会更有可能，横向融合创新才能产生颠覆性的成果。科学、技术、工程垂直打通才会形成能力，真正落实创新驱动发展的理念。因此合作交流越来越重要。当然，大学还是应偏重科学理论，偏重发现，企业偏重技术、工程，偏重发明，结合起来，力量才会更强大。

美国是世界上最强大的科技国家，特别是在吸引全球优秀人才上，有特别独到的优势。我们今天的科研状况很像二战前的美国，二战前 50 年时间，尽管美国产业已经领先全球，但在科研上充满功利主义，不重视基础研究、基础教育，大量依赖欧洲的灯塔照耀，利用欧洲的基础研究成果，发展短平快的产业。二战即将结束时，罗斯福总统的科技顾问范内瓦·布什在《科学：无尽的前沿》中提出要重视不以应用为目的的基础研究，面向长远，逐步摆脱了对欧洲基础科学研究的依赖，从此，美国基础科学研究远远领跑全球，形成若干重大突破。美国经过几十年的实践，20 世纪 90 年代，美国普林斯顿大学的唐纳德·斯托克斯在《基础科学与技术创新：巴斯德象限》中，强调美国不仅需要纯技术研究，即玻尔象限，也要纯应用开发的爱迪生象限，更强调应用驱动的基础科学研究。理论上遥遥领先，又与应用结合，这样既拓展了科学认知，又能创造价值。例如，北大张平文副校长说，据说波音 777 飞机的风洞吹风是使用全新的空气动力学软件模拟仿真的，使过去需要的 80 次风洞实验减少到现在的 7 次左右，那么说明美国已把空气动力学的旋涡都变成了经典力学方程。而我们不吹风还不敢造飞机。俄罗斯将核发动机小型化，形成了战略威慑；美国把核弹小型化、战术化、无污染化。和平需要实力相当才可获取，祥林嫂式的和平是不存在的。美国的科技发展史就是一面镜子，我们以此来反思我国的科技发展战略的系统性、科学性，学人之长，长自己之力。

现在美国主张中美科技脱钩，美国是因为开放才走到今天的，封闭会重返落后。清华教授张钹讲，美国越讲脱钩，我们越要高举科学无国界，坚持开放和国际化。科学是对客观规律的认识，真理只有一个，不存在东方科学、西方科学。论文都会公开发表，可以查询的，我们要站在前人的肩膀上，踮起脚尖，才能摸到上帝的脚。我们要坚持向一切先进学习，封闭是不会成功的。华为今天遇到的困难，不是说依托全球化平台，在战略方向上压上重兵力求突破有什么错误，而是我们设计的先进芯片，国内的基础工业还造不出来，我们不可能又做产品，又去制造芯片。就如我们缺粮，不能自己种稻子一样。技术创新是可以依据理论，独立设计、发明出来的。就如汽车，都是四个轮子，车都不一样。理论是可以在网上看到的，是大江、大洋、大山阻隔不了的。

科学发现、技术创新中最主要的是宽容。领导经常会问，最新进展怎么样了，你们研究成果有什么价值，能创造多少GDP？科学家要么说不出话，要么只好说违心的话。当科学家过多关心应用、关心价值，他的锚就锚在地上了，怎么飞得高？科学的道路是漫长的、孤寂的，多少代人孜孜不倦地努力，才发现一点点真理。只有戏剧作家才会写出科学家既会弹钢琴又会魔术般出成果的桥段。科学家要耐得住寂寞与无奈。就如华为 5G Massive MIMO，起初没有人认同，搞了 8 年终于成功上市，成为核心竞争力。又如 2G 与 3G 之间的算法打通，没有华为莫斯科研究所的小伙子安德烈默默无闻的几年钻研，没有宽容，就没有华为的无线成功。我们如何追溯在这些过程中默默无闻贡献的人，包括中途离职的有功员工，给予鼓励，是我们人事工作应该改进的地方。过去几年由于评价不清楚、不准确，给人家打 C 了，可不可以通过追溯把他们重新评定为 A、B+，他们本来就是 A 的。我们只有尊重历史，才会英雄辈出。只有承认科学的历史观，才会有科学的发展观。我们今天受到百年未闻的打压及“围剿”，20 万员工的忘我奋斗，正在挽救公司。如果我 们还有可能胜利的一天，我们不要忘了千万奋斗的英雄，各级人事部门要做好记录。追溯英雄，是为了产生更多的英雄。英雄是平凡人，不要忘记他们。忘记就意味着背叛。

我们处在一个最好的时代，我们的年轻人又如此活跃，我们的国家一定充满希望。

美国科技为什么发达

吴军

文津奖得主，硅谷投资人

美国历史上有三个叫布什的大人物，两位担任总统的布什和本书的作者范内瓦·布什，后者和前两者其实没有什么关系。不过，如果把两位布什总统加起来放在天平的一边，范内瓦·布什放在另一边，真的很难讲哪一边更重。如果要在美国历史上只选一个人，对美国的科研整体贡献最大，这个人就是范内瓦·布什。如果只选一份决定了美国科研决策，而且影响至今的报告，则非《科学：无尽的前沿》莫属。要想了解美国的科研机制是如何运行的，为什么美国的科研既能得诺贝尔奖，又能产生高科技产品，就必须读这本书。

范内瓦·布什一生大部分时间供职于麻省理工学院，是这所世界排名第一的理工科大学最引以为傲的人之一。2016 年，我访问麻省理工的媒体实验室。由于我到的时间早了一点，伊藤主任还在前一个会上，他的助理就在接待室接待了我，然后给我看了一本珍贵的打字机打印的报告，就是这份《科学：无尽的前沿》，上面有范内瓦·布什的签名。这份报告我读过，但是当我看到这本颇为珍贵的原始文件时，就如同信徒看到了圣物一样激动。正是这份报告，改变了美国科技发展的历史。麻省理工将它给来访的客人看，其实是在宣传该校对于美国科研的影响力。他们非常自豪地讲，在美国的历史上，没有人比范内瓦·布什对美国的科研贡献更大了。

范内瓦·布什首先是一位学者、一位导师，同时是教育和科研的管理者——不仅在麻省理工，也在全美国。在学术上，范内瓦是“微分分析机”分析仪的发明者，这是一种模拟计算机，在数字计算机诞生之前，它是仅有的能解微分方程的机器。当然，模拟计算机的发展很快遇到了瓶颈，于是他派了一位年轻人去改进计算机，这个年轻人因此发明了数字电路，这个人就是后来提出信息论的香农。而香农的那篇有关数字电路的硕士论文被誉为 20 世纪最重要的硕士论文之一。

范内瓦还有一个有名的学生叫特纳。特纳后来担任了斯坦福大学的教务长，并且因为发现了老斯坦福遗嘱的漏洞，建立了斯坦福工业园，被誉为“硅谷之父”。特纳也有两个有名的学生，就是创办了惠普公司的休利特和帕卡德。当然，范内瓦对美国科技的最大贡献还不在于桃李满天下，而在于他对美国政府科研政策产生了永久性的影响。

范内瓦第一次担任政府的顾问是在一战期间，他加入了美国国家研究委员会。一战后，范内瓦担任了麻省理工学院的副校长兼工学院院长，但是不久他又成为罗斯福总统的科学顾问，参与组织和领导了著名的曼哈顿计划。其后，他先后参与领导了美国氢弹计划、航天计划和后来被称为“星球大战计划”的科学技术工程。范内瓦还提议创立了国家科学基金会（NSF，在他的报告中名称为国家研究基金会）和高级研究规划署（ARPA）等科研管理机构。今天，国家科学基金会和从高级研究规划署演变来的美国国防部高级研究计划局（DARPA），是美国研究型大学主要的政府经费来源，它们的存在保证了美国在尖端科技领域的长期领先地位。可以讲，今天美国政府支持科研的传统、方法和机构，都是范内瓦·布什的遗产。而范内瓦最初的这些想法和规划，其实都和提升美国作为国家的科技竞争力有关。

美国是一个小政府的国家，而且通常是靠商业驱动发明创造。早在第二次工业革命时期，美国贡献了世界上一多半与电相关的重要发明，在电学理论上也不落后。但是，那些成就都是靠民间资本的力量完成的，美国政府很少参与。

在第一次世界大战期间，范内瓦发现美国军方工程和技术需求与当时科学家之间的研究存在极大的鸿沟。当时无论是军方还是民间，都看不太上大学里科学家所做的那些工作。而科学家呢？因为没钱，只能做一些偏理论的研究，解决不了大的工程问题。转眼到了二战，虽然一开始美国没有参战，但是范内瓦已经感觉到来自德国的巨大威胁。德国人在二战前拿走了一多半的诺贝尔科学奖项，同时他们的科学家在武器研制上也发挥了巨大的作用。因此范内瓦就向国会提议成立一个政府行政机构，协调并推进以科学研究为基础的国防开发，但是当时的美国国会没有把战争的需求当回事，没有理会他的建议。于是范内瓦利用担任总统科学顾问和美国航空咨询委员会主席的机会，绕过了美国国会，直接给罗斯福提交了一份建议书，在罗斯福的支持下，美国成立了国防研究委员会（NDRC）。以后的曼哈顿计划以及重大国防项目，都是在这个委员会主导下开展的。

由于科学家们在曼哈顿计划和一系列军工计划中发挥了关键作用，美国的老百姓开始相信科学，有些人甚至开始迷信科学，科学家的地位和话语权也得到了很大提升。在罗斯福总统就四个方面的问题征询他的意见之后，范内瓦希望借着这个机会，将科学研究确定为美国永久的国策。他在广泛征求业内的意见之后，给杜鲁门总统写了一份很长的报告，就是这篇《科学：无尽的前沿》。

在报告正式的文本之前，范内瓦用一封简短的信总结了他的四点关键性建议。

第一，在不妨碍国家安全的前提下，把从军工获得的科学知识告知民众，促进民用科学的发展。

第二，成立一个计划，持续进行医学和相关科学领域的工作，以战胜各种疾病。

第三，政府协助公共和私人组织开展研究活动。

第四，开展一个有效的计划，发现和培养美国青年科学人才，以确保美国可持续的科学研究，让科研水平可以与战争期间的水平相提并论。

此外，范内瓦在信中还提到了社会和人文学科的重要性。

范内瓦接下来在正式的报告中强调了几个未来的重点科学研究方向。

1. 和抗击疾病有关的医学和基础科学研究。

2. 涉及国家安全的研究。当时他关注的还是导弹、潜艇和无线电等。

3. 和国民福祉有关的科学研究。它涉及创造就业机会，发明新的工业品，提高竞争力。

直到今天，美国科研的目的，依然是围绕这三个方面展开的。

要实现上述任务，范内瓦认为政府必须做四件事情。

第一，培养人才。

第二，支持大学科研。在此之前，美国联邦政府是不给大学研究经费的。

第三，为了确保大学和私营企业研究机构有足够的人才，国家研究机构不能同大学和私营企业抢人才。这一点是美国和其他国家不同的地方。美国只有很少的政府科研机构，大部分还是二战时为了战争的需要建立的，比如洛斯阿拉莫斯实验室、劳伦斯实验室等，此后几乎没有建立新的实验室。它甚至把一些国家实验室交给大学管理。即便是在实施阿波罗登月计划期间，NASA（美国航空航天局）也只是领头的机构，大量的工作交给了大学和公司的研究机构。今天很多人感叹为什么 SpaceX（美国太空探索技术公司）一家私营企业航天技术如此先进，其实 SpaceX 拿的也是 NASA 的钱，只是美国的科研运作方式和世界上很多国家不同而已。事实上，美国研究最新飞机、导弹、潜艇的，都是拿了政府合同的私营企业和大学。

第四，为了刺激私营企业加大科研投入，要做好两件事情。一是制定科研经费抵税的税收政策，二是保护好专利。今天美国大企业的研发经费是非常高的，比如谷歌 2019 年度的研发经费是 260 亿美元，微软同时期是 200 亿美元。这不仅是为了增强自身的竞争力，也和美国政府很多鼓励科研的政策有关。

在人才培养上，范内瓦强调了三个要点。

1. 能做科学研究的人极少，但是要找到这极少的人需要有一个很大的基础人群。

2. 培养科学家的时间非常长。

3. 政府要通过提供奖学金将人才吸引到科研中。今天美国大学给研究生的最高奖学金，就是国家科学基金会的奖学金。

范内瓦的思想非常超前。1945 年，他在《大西洋月刊》上发表《诚如所思》一文畅想未来的科技发展。在这篇前瞻性的文章中，他描述了个人计算机的概念，提出建立通过计算机储存与检索大量信息的数据库系统，此外他还提出了超文本、多媒体、搜索引擎、全球网络及数字图书馆等技术发展的方向。听到这些，你是否觉得范内瓦是一个穿越的人。当然，这些前瞻性研究对美国的贡献其实和他对美国科研体制的设计相比，依然显得微不足道。

关于科学对于一个国家的意义，范内瓦是这样讲的：

无论是在和平时期还是战争时期，科学都只是以团队中一员的身份贡献于国民之福祉。但是如果没有科学进步，在其他方面再多的成就也无法确保我们作为一个国家在现代世界中的健康、繁荣和安全。

虽然中美两国之间由于社会制度、文化传统、发展水平、地理环境差异巨大，中国不能简单套用美国的模式，但是，全面了解美国在创新方面的成功经验对当下的中国是非常必要的。范内瓦关于科研和创新的思想，至今影响着每个人，相信对中国也有借鉴意义。

科学，发展和幸福

华先胜

阿里巴巴集团副总裁，阿里达摩院城市大脑实验室负责人

已经很久没有如此仔细逐字逐句地认真阅读一篇颇长的报告了，而且是70多年前的一份报告——《科学：无尽的前沿》。在学术研究和技术创新领域耕耘20多年，第一次知道自己过去那么多年从事的职业所遵循的基本原则和赖以支撑的政策，原来是来自这份报告。这也促使我去认真思考这些政策背后的思考，以及今天对我们的启示。那么，这份报告是否依然适合当今时代？或者，我们是否已经走了太久，忘记了我们为什么出发？或者，今天的发展已经对科学研究和技术创新的政策有

了更新的要求？

这份报告的逻辑十分清晰。报告的缘起是罗斯福总统的四个问题，包括战时所获得的科学知识的传播和民用，科学与疾病的斗争，政府如何促进科研活动，以及发现和发展青年科学人才。布什论述了科学带来的巨大作用，明确提出科学进步会带来更高的生活水平，使得疾病得以预防或治疗，促进有限资源的保护，并为抵御侵略提供更多保障。而政府在其中扮演了非常重要的角色。布什分析了政府研究机构、工业研究机构在基础科学研究方面的缺陷，提出政府资助的、独立的、自由的科学研究机构（主要是大专院校、研究所）才是更能发挥科学家潜力的组织形式。他呼吁政府成立科学研究基金会，并给出了运作基金会的方式和五项基本原则。

这份报告在美国历史上的作用是毋庸置疑的，战后美国成为科技强国，和这篇报告有着很强的因果关系。正如霍尔特在导读中所言，这是“美国科学政策的开山之作”，是“美国历史上最具影响力的政策文件之一”，因此而形成的政策推动了“后续数十年惊人的科学进步”。尽管政府对科学的资助仍没有达到报告所希望的力度，但“已经永久地改变了科学的格局”。

布什在报告“呈送函”中也明确指出，该报告主要针对包括生物学和医学在内的自然科学，而且报告的主体强调了基础科学研究的作用及政府应该形成和执行的策略。我个人的理解是，很多原则也适用于基础的技术创新，例如今天被广泛讨论的“卡脖子”技术的研发。

读完报告和霍尔特的导读，我思索良久：今天我们阅读这份报告，对我们的启示仍然振聋发聩。我不清楚前辈们的情况，但对青年科研工作者来说，对于今天国际国内的学术研究氛围和形式，我们并没有多少人认真探究过它的起源和初心。但是，如果我们能对此有所了解，就能够更清楚地分析其中的利弊，从而更充分地利用科研环境提供的支持，减少可能产生的弊端。同时，伴随报告一起出版的霍尔特的导读对布什报告的成因和主要思想做了解读，并且分析了其中最重要的主张——科学研究的自由所带来的科学家脱离公众利益的弊端，特别是 2020 年至今的新冠疫情以及全球气候问题，科学研究并未能给予及时的解决。

报告和导读都深入分析了科学的作用、科研的组织形式和有利于科学发展的政府策略，逻辑严密，论述也很完整。管中窥豹，我认为阅读此报告和导读，至少可以促进我们在如下几个方面的思考和探究。

科学研究的驱动力

报告用大量的篇幅论述了科学研究的自由必须得到保障，认为思想自由、研究自由是科学研究的基本原则。研究者的兴趣、好奇心以及想象力，不受限制地对自然科学开展自由研究，是必须得到保障的。布什坚信基础研究只有在科学家的掌控下方有成效，所以提出科学研究应该由科学家来主导和决策。在他提议建立的国家研究基金会中，是以杰出科学家组成的委员会来进行科研指导的。霍尔特总结这是布什愿景中的关键部分，也是具有决定性的部分。1950 年美国出台《国家科学基金会法案》，基本是按布什的倡导来设计的。联邦政府为国家科学基金会提供持续的资金，但研究课题的选择、研究规划和评估，基本上交由各个学科的研究者来决策。

今天的制度和运作方式，是不是仍然以此作为最重要的原则呢？今天的科学研究，大抵还是遵循这些原则的，但真正的驱动力是否已经发生了改变？研究的初心是否有所偏离，功利的成分是否影响了科研的有效进行？我们发现科学规律的能力、创造新事物的能力是否得到了自由发挥？诚然，兴趣、好奇心也很难说是唯一的驱动力，也有不少研究者是受使命驱动的。但是充分发挥兴趣、好奇心和想象力的驱动作用，在过去 70 多年应该是被证明有效的科研原则。当然，霍尔特既肯定了这些原则积极的一面，同时也对此提出了质疑，我们后面再讨论这个话题。

科学研究的目的和作用

报告和导读都仔细讨论了科学研究的作用，特别是基础研究的作用。布什和霍尔特都从偏“物质”的角度总结了科学的作用：民众健康，国家安全，创造就业，提高生活水平。

对于基础科学研究，布什也给出了定义，即它是一种“在不考虑实际需求情况下”的对基础知识的寻求，是“所有实用知识的来源”，是“技术进步的引领者”。霍尔特则总结说：基础科学研究是整个研究和创新过程的推动力量。

在科学和就业的关系上，布什很清楚地提出只有释放“全部创造力和生产能力”才能实现通过科学促进就业的目的。而这一目标并不能通过制造相同或者更高价格的相同的东西来达成，而是要通过提供新的、更具吸引力和更便宜的产品。新产品从何而来？必须有新的科学知识来推动企业的创新和发展。

但是，布什也明确提出“科学本身并不能为个人、社会和经济方面的弊病提供灵丹妙药”“科学都只是以团队中一员的身份贡献于国民之福祉”“以牺牲社会科学、人文科学和其他对国民福祉至关重要的研究为代价来发展自然科学和医学研究，这是一种愚蠢的想法”“科学不能依靠自身单独存在”。

当今，自然科学，或者说科学技术的研究已经和人文科学、社会科学出现了交集。这不仅仅是因为人类社会的发展和生命质量的提升需要人文科学、社会科学，更多是今天科学技术的发展已经到了跨界融合的阶段，特别是信息技术、大数据技术和人工智能技术的出现，正在为人文科学、社会科学提供更强大的工具和方法，而人文科学、社会科学也可能给自然科学技术的研究提供驱动力，甚至指导。

另一方面，人的生存发展和生活幸福，不仅仅有物质层面的需求，精神文化层面也正在变得更为重要，而科学和技术的发展将为此提供助力。而且，自然科学、人文科学和社会科学的融合研究和创新，也一定是未来科技发展的一个重要方面。甚至，自然科学领域里面的跨学科，也会是未来的发展趋势。毕竟这个世界并不是按学科来发展变化的，它是一个整体的存在，也是一个整体的发展变化过程。当然，鉴于知识的快速增长与更新，让一个人成为多方面的专家已经非常困难，团队作战和智能信息技术辅助将是未来解决这个困境的有效方法。

促进科学研究发展的组织形式

布什提出了五项原则，以保证政府对科学研究和教育支持的有效性，包括稳定投入，基金机构管理者的选拔方式，支持政府以外的研究组织，研究机构的决策权归属研究机构自身，以及基金会应同时对总统和国会负责。

这五个原则的前四个和布什的关于基础科学研究的核心观点是一脉相承的，也就是这些原则是为了保证在获得政府资助的科研能够自由地进行，科学研究人员在没有商业压力或者其他压力，甚至没有既定目标的情况下，以好奇心、兴趣驱动来发现新的科学知识。

实际上，美国在战时的研究虽然有很多是以赢得战争为目的的，但无一例外是基于并无明确应用目的的基础研究。例如，在二战期间，与疾病做斗争的各项突破，例如青霉素，“皆源于医学和基础科学领域的那些遥远且意料之外的发现”。

今天，作为大学等独立研究教学机构的补充，政府管理的实验室和企业的研究实验室越来越多了。这样的实验室大多以应用研究或者介于应用和基础之间的研究为主，但也有将基础研究作为部分目标的，在组织形式和机制上是否有利于基础科学研究的进行呢？布什和霍尔特都对此有所论述，我们后面再讨论这个问题。

科学与教育、科学教育和教育科学

布什的报告用了相当篇幅讨论了科学人才的发现和发展问题，并引用当时哈佛大学校长柯南特的话："在所有可以使用'科学'一词来指称的领域，人都是其唯一限制因素。我们在某个方向上的进步快慢，皆取决于从事该工作的真正一流人才的数量……所以归根结底，这个国家科学的未来取决于我们的基本教育政策。"布什主张让每个男孩和女孩都有机会展现自己的能力，都能在有利于智力成长的环境中不受限制，鼓励一个人为成就自己而努力，而国家要在制度、政策上保障这些能够得以实现。

布什也将科学人才的发现和培养作为科研机构的基本职能，认为只有科研机构的科研人员可以承担这项职责，并且提出了鼓励青年科研后备军的本科、研究生奖学金和高级培训、基础科研补助金的计划。他还提出对科学教学进行改进，认为高中的教学经常无法激起学生的兴趣，没有足够的指导，这令具有潜在科学研究能力的学生失去机会。

习近平总书记曾经说过："创新之道，唯在得人。得人之要，必广其途以储之。"[①] 科学与教育一直是相辅相成的：培养科学研究人才，是保障科学研究的未来；科学的公众教育虽然不是布什报告的重点内容，但在霍尔特的导读中得到重点讨论；另外，教育本身也有科学问题需要研究，教育和学习的本质规律远远没有到被人类全面掌握的程度。如何高效地学习，甚至规模化地实现个性化的高效教育，一直是教育科学要解决的难题。今天的信息技术、大数据和人工智能技术，以及与脑科学的跨界研究，可能是攻克这一科学难题的途径。

企业能否做基础科学研究？

报告中详细讨论了企业科技研发机构不适合进行基础科学研究的观点。主要依据在于工业实验室过多关注即时的实际目标，基本上支持的是可预测的商业性成果。而报告的核心观点是要加强基础科学研究，以保障国家和社会的未来竞争力。在公共和私人支持的学院、大学以及接受捐赠的研究机构，"科学家

① theory.people.com.cn/n1/2018/0629/c40531-30095055.html.

可在一种相对没有成规、偏见或商业需求等不利压力的氛围下开展工作”，这样的机构为“科学工作者提供强烈的团结感和安全感，以及极大程度的个人知识自由”。

布什认为，因为通常受制于经济指标、自身定位以及持续的商业压力，工业实验室在基础科学方面很少能取得令人满意的成绩——即使有例外，其自由度也很难与大学相媲美。

70 多年过去了，今天的企业研究院、实验室确实仍然是以应用科学作为主要研究内容，并以中短期商业化作为其主要目标。但是，历史上最成功的实验室之一——贝尔实验室则是个企业实验室。虽然贝尔实验室源自 AT&T（美国电话电报公司）和西方电子两家通信领域的公司，但在建立之初，贝尔实验室便致力于数学、物理、材料学、计算机、电信技术等各方面的研究。也就是说，除了电信技术，它的重点在于基础理论研究。在布什写这篇报告的时候，贝尔实验室已经存在了，并且已经有了不少卓越的成果，而在此之后更是硕果累累（例如晶体管、太阳能电池、第一颗通信卫星、发现宇宙微波背景辐射、UNIX 系统和 C 语言等）——大概这就是布什所说的“例外”情况吧。然而，在辉煌了70年之后，20世纪末，贝尔实验室风光不再，资金和自由研发环境的变化，是公认的主要原因。这实质上也间接印证了布什对基础科研的组织形式的信念——没有绩效考核，没有结果检查，没有进展汇报，没有各种束缚的自由研究促成了诸多重大发现。这些研究的决策者，都是相关领域被认可的技术权威；上下级关系，通常是非常平等的同事关系，下级的研究课题选择和研究过程通常也不会被上级干预。

然而，在今天的环境下，企业是否能够承担部分的基础科研呢？从经济实力和人才储备上看，今天的大型企业具备这样的条件，也有不少企业具备足够的社会责任感和使命感。习近平总书记曾说过，“企业是创新的主体，是推动创新创造的生力军”，并引用恩格斯的话说，“社会一旦有技术上的需要，则这种需要就会比十所大学更能把科学推向前进”。[①]

在应用科技的创新研发上，企业确实有得天独厚的优势。但企

① http://theory.people.com.cn/n1/2018/1225/c40531-30485476.html

业实验室对基础科研的规律的认知，以及组织机构的设置，可能需要更多的时间来交学费。然而，过分强调商业化，有可能会带偏基础研究的方向，甚至会带偏从基础研究到应用研究、从应用研究到直接为大众带来福祉的技术、产品的整个路径。如果能将基础研究从应用研究、技术创新中剥离出来，由相关领域的真正的基础科研专家来带领，哪怕不是像贝尔实验室那样进行很广泛的基础科研，而是在有限选择的领域开展自由的研究，也不是不可能的事情。而且，利用基础研究推动应用研究，以产生利国利民的成果、产品，企业有更大的便利和优势。

布什报告还讨论了政府内部的研究机构的特点，通常是做基础研究和应用研究之间的事情。在中国，政府资助的新技术实验室正在蓬勃发展，政府也提出要高标准建设国家实验室，推动大科学计划、大科学工程、大科学中心、国际科技创新基地的统筹布局和优化，但致力于基础科学研究的专门实验室仍不多见，而关注应用研究和技术创新的则更为常见，甚至有些还有了产业化的目标和通道。这对于应用型研究并不是不利因素，相反，是能够促进应用型研究的好的举措，只是需要深谙技术产业化的专家的深度参与才能完成。而以论文为目标的科研人员在这方面可能会困难重重。

科学研究和公众需求的关系——霍尔特的质疑

霍尔特在肯定和赞扬布什报告的同时，也深入讨论了布什的核心观点对科学发展带来的负面影响。霍尔特的质疑点主要在于“科学的价值是否已经得到完全体现，公民又是否从科学中得到了他们的所需？”他认为布什倡导的科研体系在促进研究的繁荣的同时，也促成了科学与公众的隔绝。布什的体系更像是“科学家的公仆”，是“一种资助科学家自由选择所从事工作的体系”。在布什提出报告的同时，另一个人，可以说是布什的竞争对手，基尔戈尔，提出了另外一种安排。基尔戈尔同样主张政府要大力资助基础科研，但要让政府资助的科学家成为“人民的真正公仆”。当时也因此引发了激烈的辩论，但最终基本以布什的体系成立了科研基金组织。

霍尔特认为布什科学体系割裂了公众和科学家之间的连接。世界上有许多最紧迫的挑战（例如流行病和气候变化），公众的感知是直接、明显的，也是迫切的，但布什科学体系却认为基础科学研究不应受此制约。霍尔特的一个论据，就是 2020 年至今的新冠肺炎疫情。科学并没有让美国能够从容应对新冠病毒的大流行（虽然在中国新的科学技术已经成为抗疫的强大力量，例如疫情预测、疫情防控、药物研发等）。霍尔特认为问题的根源在于“我们对科学是什么以及它如何对社会做出贡献所持有的片面观念”。布什认为科学是获取可靠知识的最有效途径，而霍尔特认为，“从本质上讲，科学是一种提出问题的方式，它能使我们获得关于事物本质的最可靠知识。这是它最根本的贡献”。霍尔特将科学的作用上升了一个层次，不仅是获取新知识，而且是获取新知识的方式、方法论和思维方式。从这个角度，霍尔特认为，科学不应远离公众，相反，公众应“更多地参与对科学的引导和监督，我们也需要公众更多地在公共事务中运用科学思维。这需要公众和科学界共同采取行动”。

霍尔特以新冠肺炎疫情为例，提出科学家对病毒传播的研究没有引起政策专家和公众的重视，科研人员的专业研究不能取代公众的知情和参与，“这一教训远远超出了大流行病本身”。当今的世界已和 1945 年时不同，“我们的世界更加科技化”，环保、能源、医疗保健甚至民主投票程序和设备都依赖科学技术。公众生活的方方面面都和科技相关，但公众对科技的认知，以及对需以科技作为重要参考的政策的参与度，都有局限。但“任何政策的成功都取决于公众的参与”，所以霍尔特建议“必须确保将科学纳入公共决策”，甚至将科学融入公众生活的方方面面。

确实，当今的社会，如此依赖科技。每一项科技成果，在给我们带来便利的同时，也深深地绑定了我们。科技和公众的融合，是不得不为之的选择。在我们国家，科技与大众的结合尤为迅速。科技已经逐步深入政府、教育、工业、能源等方面，特别是数字科技、智能科技，正在不可阻挡地改变着整个社会和公众的生活方式。未来，科技与公众的生活质量、幸福水准都密切相关。今天，科技更多的是给生活质量、幸福带来助力（虽然有时也产生问题），可以预见，科技和幸福未来会有更深入的融合，那时，幸福可能会是“决策者”和“推动者”，而不只是被动的“接收者”。

诚挚推荐

科研人员和组织有必要认真学习报告《科学：无尽的前沿》和导读《科学之议》。当今，并不是每个科技从业人员都知道现行政策背后的逻辑，也不见得了解当今世界科技局势的形成与此报告及其后续政策的关联。一旦清晰明了背后的逻辑，就会更清楚科学之路该怎么走、不能怎么走。明了科学发展的初心，明了可能产生的问题，也会更清楚如何更快地发展科学，不管是基础科学研究还是应用技术研究。如同布什报告中所言，国家的未来，将在很大程度上取决于运用科学的智慧。

2021 年 3 月 16 日，《求是》杂志发表了习近平总书记的署名文章《努力成为世界主要科学中心和创新高地》。文章高屋建瓴，指出全球科技创新进入空前密集活跃的时期，新一轮科技革命和产业变革正在重构全球创新版图、重塑全球经济结构。文章指出，科学技术从来没有像今天这样深刻影响着国家前途命运，从来没有像今天这样深刻影响着人民生活福祉。中国要强盛、要复兴，就一定要大力发展科学技术，努力成为世界主要科学中心和创新高地。形势逼人，挑战逼人，使命逼人。

而我们，每个从事科研创新工作的个体和组织，通过对报告和导读的研读，了解更多的背景，了解历史的经验和教训，对科学的定义、科学研究的作用、科学研究的规律、科学研究的组织形式以及科研人才的发现和培养，有更深入的认知和思考，并付诸实践和进一步探索，无疑对科学的发展，对科学于社会、国家未来以及人民福祉所起的不可替代的作用的实现，有着重要的推动作用。

改变人类科学技术发展历史的伟大报告

向松祚

著名经济学家，五卷本《新经济学》作者

摆在读者面前的这本著作是一本薄薄的书，却是一本极为重要的书。它实际上是一份报告。

正是这份报告创建了美国的国家创新体系，吹响了美国向无尽的科学前沿不断进发的时代号角，让美国的科学研究和技术创新始终领先世界。

正是这份报告的伟大思想和建议创造了互联网、个人计算机和现代信息科技时代。

正是这份报告的伟大思想和建议创造了阿波罗登月、航天飞机和基因工程等无数划时代的人类科技奇迹。

一句话，这份报告改变了美国和人类科技与产业的历史。

这份报告的作者就是美国教育、科学和产业历史上的传奇人物——范内瓦·布什。布什也是个人计算机时代的主要思想家和先驱。他的经典论文《诚如所思》是个人计算机产生的主要思想源泉，对美国和全球科学技术的发展产生了极其深刻和深远的影响。

布什是麻省理工学院著名教授，1931 年他发明了早期的模拟计算机。他不是一般的学院派教授，而是纵横学术、产业和政府多个领域。他是麻省理工学院工程学院院长，是著名电子军工企业雷神的主要创始人，是二战期间美国军事科学管理部门的首脑人物。他毕生拥有 49 项发明专利。他还是一位具有奇理斯玛效应、果断干练的科技工作管理者。

1971—1980 年担任麻省理工学院院长的维斯纳曾经说：“没有谁比布什对整个美国的科学和技术进步具有更大的影响！他最重要的创新就是实施军事订货计划，将军事需要、大学科研和产业实验室完整结合起来，而不是去创建政府实验室。”

维斯纳如此评价布什：“他是一位具有坚定信念的人，以巨大的热情阐释和实施自己的观点。然而，他又对自然的神妙莫测充满敬畏。他对人性的弱点富有温暖如春的宽容态度，始终以开放心态面对变革和新事物。”

与历史上众多伟大的创新者一样，布什同时深深迷恋科学和人文，能够随意引用诸如英国伟大诗人吉卜林、波斯伟大诗人和科学家莪默·伽亚谟（Omar Khayyam，1048—1131）的作品。他演奏长笛，热爱交响乐，业余时间阅读哲学以自我消遣。麻省理工学院和哈佛大学联合授予他电子工程博士学位。他年轻时就满怀理想和激情，决心提升科学和工程的社会地位，尽管美国那个时候在科学和工程领域没有多少激动人心的事情发生。

第二次世界大战的爆发改变了这一切，新科学和新技术层出不穷，突飞猛进。布什恰好担当了领导潮流的伟大角色。出于对美国军事科技可能停滞不前（当时主要的对手是纳粹德国）的深刻担忧，布什联合哈佛大学校长詹姆斯·柯南特和其他科技界领袖，说服美国总统罗斯福创立美国国防研究委员会和美国军方的科学研究和开发办公室，布什是两个机构的创始人兼负责人。

布什嘴里含着烟斗，手中拿着铅笔，直接指导和监督了著名的曼哈顿计划、人类第一颗原子弹的爆炸。他还负责领导美国军方雷达项目和防空体系的建设。1944 年，美国《时代》杂志的封面文章称布什为“物理学将军”（General of Physics）。布什曾经愤怒地用拳头猛击桌子，厉声宣称：“要是 10 年前我们专注发展军事科技，我们就可能避免这场该死的战争！”

二战临近结束之时，罗斯福总统要求布什准备一份报告，倡导政府出资与大学和产业界合作，推动基础科学研究。1945 年 7 月，布什的报告提交给了新任总统杜鲁门。那是美国科学技术发展历史上划时代的重要报告。

布什为他的报告选择了一个充满美国精神和梦想的题目《科学：无尽的前沿》。报告的许多精彩论断早已成为传世经典：基础科学研究创造新的知识，它创造科学资本，它创造知识宝库，一切现实的科技运用研究都必须源自这个宝库。

布什的报告提出了人类创新的“线性模型”，即基础科学研究是技术和工程创新之本，基础科学研究的突破必然刺激和开启技术和工程创新。

布什在报告中写道：“第二次世界大战已经无可辩驳地向我们清楚地表明，基础科学（包括发现原子核、激光、计算机和雷达等的物理学规律）对国家安全具有本质上的极端重要性，同时对美国的经济安全具有同等重要性。”

布什报告里的一段话对任何国家，尤其对于今天致力创新驱动发展、致力创建国家创新体制和机制的中国而言，显得极具现实意义：

“一切新产品和新工艺都不是突如其来、自我发育和自我生长起来的。它们都建立于新的科学原理和科学概念之上，而这些新的科学原理和科学概念则源自最纯粹的科学领域的研究。一个依靠别人来获得基础科学知识的国家，无论其机械技能如何，其工业进步都将步履缓慢，在世界贸易中的竞争力也会非常弱。”

这段话仿佛就是针对今天的中国所说！

报告的结尾，布什以诗一般的语言和高亢的激情，赞美基础科学研究必然带来实用技术领域的巨大回报：

“科学的进步一旦应用于实践，就意味着更多的岗位、更高的工资、更短的劳作、更丰富的农作物，人们可以有更多的闲暇用于娱乐、学习，可以抛弃烦琐的生活，远离长久以来的劳苦。科学的进步也将带来更高的生活水平，使疾病得以预防或治疗，促进我们对有限资源的保护，并为抵御侵略提供更多保障。”

布什的报告吹响了美国迈向伟大科技进步和美好生活的时代号角。

正是基于布什的报告，美国国会批准建立了美国国家科学基金会，成为美国联邦政府支持基础科学研究最重要的机构。起初，杜鲁门总统否决了国会创建国家科学基金会的法案，因为法案规定国家科学基金会的主席由一个独立理事会任命，而不是由总统任命。布什最终说服了杜鲁门。

布什告诉总统，由一个独立理事会任命基金会主席能够避免总统受到那些寻求政治好处的人的干扰。杜鲁门对布什的政治敏感性深感吃惊："范内瓦，你应该成为一个政治家，你拥有政治家的直觉和本能啊。"布什答曰："亲爱的总统先生，这有什么稀奇？难道你不知道我已经在华盛顿这个政治圈子里混迹了五六年时间吗？"

布什的伟大感召力直接催生了美国"军事—产业—大学"三位一体的铁三角创新机制。数十年来，美国科学界和企业界一致公认，正是布什的伟大创见和极富感染力的精彩报告《科学：无尽的前沿》为战后美国的国家创新体制和机制奠定了坚实的基础，这就好比美国国父、第一任财长汉密尔顿著名的《信用报告》和《制造业报告》奠定了美国金融业和制造业的坚实基础一样。

除了国家科学基金会，一大批新的研究机构如雨后春笋勃然兴起，最著名者包括：兰德公司，它是美国空军下属的最重要的科学研究和技术开发机构，很快成为全世界首屈一指的综合性科研机构和智库；斯坦福大学研究所及其附属机构——增强研究中心；私人企业施乐公司创建的施乐帕克研究中心。这些研究机构在众多科技领域都开辟了人类最前沿的研究领域，取得了最先进的研究成果，更是互联网革命性发明和创新的生力军。

作为地地道道的麻省理工学院明星科学家、创业家、企业家和科技工作领导者，布什的卓越思想和伟大创见很自然获得该校众多追随者。他的报告发表之后，麻省理工学院和哈佛所在的麻省剑桥地区诞生了美国前沿科技领域里两家最重要也是最神秘的研究机构：一家名叫林肯实验室，由美国军方出资，附属麻省理工学院，数十年来，该实验室承担了美国军方最先进、最机密的军事武器研发工作；另外一家名叫 BBN（Bolt, Beranek and Newman），是由麻省理工学院和少数哈佛工程师创办的研发公司，同样源自布什报告的启发和激励。这两家机构正是互联网科技革命和数字时代的主要发动者。

《创新者》一书的作者艾萨克森说："无论何时，当有政客威胁不再资助基础科学研究（那是未来创新之源泉）之时，布什报告的引言都值得反复诵读。"

《科学：无尽的前沿》对今天的中国仍然具有特殊的重要性。中国要真正成为一个具有持久创新活力的国家，就必须高度重视基础科学研究，这已经成为举国共识。习近平主席在 2020 年科学家座谈会上的重要讲话明确指出："持之以恒加强基础研究。基础研究是科技创新的源头。我国基础研究虽然取得显著进步，但同国际先进水平的差距还是明显的。我国面临的很多'卡脖子'技术问题，根子是基础理论研究跟不上，源头和底层的东西没有搞清楚。"①

华为公司创始人任正非先生说："中国需要踏踏实实在数学、

① www.xinhuanet.com/politics/leaders/2020-09/11/c.1126483997.htm.

物理、化学、神经学、脑科学……各方面努力去改变，我们就可能在这个世界上站起来。”

任正非和范内瓦的远见卓识昭示了人类创新历史的一个最基本的规律，那就是划时代的科技和产业创新必定源自划时代的思想和科学创新。唯有创新的思想和科学才能激发创新的技术、产品和服务。思想和科学创新的重要性高于一切。正如伟大的法国科幻作家儒勒·凡尔纳（1828—1905）所说：凡是人能想到者，必有人能实现之。

衷心希望《科学：无尽的前沿》能够激发有识之士的高度重视和深刻思考，激励我们发愤图强、矢志不渝、锐意改革、艰苦努力，共同推动中国成为世界科学强国！

21 世纪科学的应许之地

李笛

小冰公司 CEO，原微软亚洲互联网工程院副院长

非常高兴听到《科学：无尽的前沿》将要再版的消息。2021年，世界正处于一场激动人心的变革之中，此时此刻，再版这篇著作的中文版本，无疑具有很强的现实意义。

一直以来，我和我周围的许多朋友、同事，几乎都是布什的拥趸。从某种意义上说，正是这篇报告揭开了 20 世纪科学的新篇章，并为其后的数十年持续发展排除了不少潜在障碍。这些潜在的障碍既包括思维，也包括实践。如果说在报告完成的当

时，著作中的许多观点还更像是为了未来的谋划，具有启发目的，那么数十年后的今天，我们都是它直接或间接的受益者，已成为不争的事实。

更难能可贵的是，它并非以某种宣言的形式出现，而是将理念融合在一篇紧凑的报告之中。作为“美国世纪的工程师”，布什的报告并不晦涩。它以几个具体的问题为出发点，通过翔实完整的数据和背景剖析，导出明确的观点建议，直截了当。

因此，无论是哪一位读者，当你重读这篇著作时，都会不自觉地将它与之后发生的蓬勃浪潮联系在一起。我们的眼前会出现这样一幅画面：数以十万计的科研工作者涌向潮头，将他们的智慧与勇气汇聚在一起；天文学、物理学、医学、新材料和计算机领域，不断诞生新的令人激动的突破；大量创新从大学和科研机构中迸发出来，并播撒到全球，为全人类提供源源不断的动力；人类的重大变革开始不再以千年、百年，而是以十年为单位来计算……

这篇报告诞生于上述所有画面方兴未艾的时刻。70 多年来，关于《科学：无尽的前沿》的讨论、重温与修订从未停息。与其说它作为一个重要因素，引领了 20 世纪美国科学的高速发展，不如说它的意义远超出美国的范围——在高速发展的世俗世界中，它为科学划出了应许之地。

报告以文字形式阐述了这一思辨的过程，这十分重要。科学思维作为一种信仰，已经存在了数个世纪之久，并成为人类文明的共识之一。但科学体系并非如此，它需要稳固的存在价值定义，才能得到充足的资源，甚至豁免和容忍，从而确保茁壮发展。一件事物存在有用和无用两种状态，而科学在此二者之外。这固然是一种极其珍贵的观念，但如果不透彻阐述这一观念的渊源，就很难把科学放到政府、企业、商业环境甚至社会大众的评价体系之内，而使它游离于世俗世界之外，这是极为不利的。

当特定的历史机遇出现时，这一点尤其重要。第二次世界大战之后的美国，以及此时此刻的中国，越来越多的因素表明，我们正处在相似的历史机遇中。

因此，回顾当时的美国与布什报告的形成，对我们今天十分有借鉴价值。“不谋万世者，不足谋一时；不谋全局者，不足谋一域。”然而科学，特别是基础研究的创新价值，常常很难像商业模式创新一样被迅速捕捉到。许多基础研究，不仅资助者难以评价其短期意义，如果我们将目光投向广泛的基础教育，那么连教育者也常常很难直抒胸臆地向年轻人解释，为什么要埋头于看似无用的知识之中。

在报告中，布什将科学上升到与政治和经济同等重要的位置，这种思维的深度相当令人钦佩。对照报告形成的年代，这一论断是有其社会发展的阶段性的。无论是罗斯福的信函，还是布什的报告，都阐述了为什么应当在社会发展的高速期——譬如二战之后的美国——重视如何确保基础研究的持续发展，并给予充分的支持。事实上，科学是社会发展经过一段积累之后才开始的昂贵投资。在仓廪充实前，科学的短期意义远远不如其他发展途径，但在社会发展到一定阶段之后，为确保持久高速增长而开始的二次革命，则非科学莫属。

在布什报告横空出世的年代，《科学：无尽的前沿》，或者说它所代表的观念，并非遗世独立的一家之言，而是众多相近思考中的一个分支。它来源于当时的客观历史机遇。第二次世界大战中后期的美国，通过观察自身发现：基础研究的储备，加上科研机构的协同，能够带来远超预期的成效。这促使人们比以往任何时候都更想抓住现象背后的本质，去延续并扩大这一成效。这种观察引发的探索覆盖了整个群体，不仅是科学家，也包括政府官员、企业家、从战场上侥幸回到家乡的军人，以及从青霉素等创新中切实受惠的普罗大众。

因此，当我们重读布什的报告时，也会特别关注其中所蕴含的群体智慧。在那个决定 20 世纪美国科学振兴的时代里，有一些特别值得关注的细节。包括如何通过政策性的智慧设计，去平衡人才过多或过少向科学基础研究机构流动的问题，以及如何解决长期基础研究与社会大众的脱节等等。就这个角度而言，《科学：无尽的前沿》只是其中的代表作之一。纵观那个时期的其他相关论著和历史资料，我们可以得到更多有关当下的启示和具体措施。20 世纪美国的科学发展是一个奇迹，一个可以重现的奇迹。

当然，人类一方面在不断地重现往昔情境，另一方面，则宛如奔涌的河流，一刻不停地向前。世界是变化的，我们不可能两次踏入同一条河流之中。但历史在此刻惊人地相似，呼唤着递归并升华的发生。站在科学的角度，20 世纪的美国为它提供了家园。那么，在新的一百年里，它的应许之地能否在我们这里？

一切过往，皆为序章

韦青

微软中国 CTO

“……基础研究会带来新知识，它提供的是科学资本，是所有实际知识应用的源头活水……”

“……今天，基础研究是技术进步的引领者，这一点比以往任何时候都更接近真理……”

“……一个依靠别人来获得基础科学知识的国家，无论其机械技能如何，其工业进步都将步履缓慢，在世界贸易中的竞争力也会非常弱……”

如果要罗列过去近百年对全球科学发展有重大影响的作品，这份由范内瓦·布什根据美国总统富兰克林·罗斯福要求编撰的报告《科学：无尽的前沿》一定会榜上有名。虽然这份报告距今已经有 76 年的历史，但报告中陈述的观点以及解决问题的办法历久弥新，对当今全球的科学与技术发展仍然具有非常重要的指导意义。

由于我的工作性质，使我早早地接触过这份报告，也因为这份报告，进一步了解到范内瓦·布什的传奇经历和这份报告的出炉过程，同时也使我深深体会到即便科学水平如美国，它的发展历程也不是一帆风顺的，从一开始就充满了不同观念和不同利益群体之间的斗争与较量。正是靠一大批有识之士的远见与胸怀，再加上不懈的努力和奋斗，才成就了它如今的全球领先优势与影响力。

由于这份报告在美国科学发展史上的重要性，我们首先需要理解这篇报告出炉的背景。当时的美国正处于二战即将结束的阶段，政府已经开始认真考虑美国战后的发展策略。通过二战的洗礼，尤其是亲身体会到科学与技术的进步，对诸如飞机、雷达、潜艇、导弹和核武器竞争力的巨大贡献之后，美国政府从上至下已经形成一种共识，就是要依靠科学与技术的进步来提升民众的福祉，维持与发展国家的核心竞争优势。政府与学界和企业界的密切配合与相互支持，既在战时为战争的胜利做出巨大贡献，也将成为和平时期科学与技术能够顺利发展的必要前提。范内瓦·布什在这个国家发展的关键时刻，以自身的远见，再加上总统的支持，成功地抓住了这个机遇，为美国未来几十年的科学发展奠定了坚实的基础。

这里大家要注意，虽然这种政府、学界和企业界的密切配合被认为是一个成功的典范，但其潜台词是这种合作不是凭空得来的，而是需要缜密的策划、强有力的实施以及充分的协调。而事实上，从 1945 年提出这份报告，到 1950 年美国国家科学基金会正式成立，整整用了 5 年时间，中间有无数次的争议和较量。根据美国国家科学基金会第 14 任会长弗朗斯·A. 科尔多瓦的回顾，尽管在报告递交 5 年之后美国国会终于批准成立国家科学基金会，但其职能范围已经小于当初范内瓦·布什立下的愿景。其他一些政府部门，比如原子能委员会、国家健康研究院和海军研究院，都趁着这 5 年的间隔扩充了自己的职权范围。之所以强调这个背后的细节，是希望让读者理解到科学的发展虽然不容易，但是更不容易的是解决人的问题。这也是我现在帮助客户与合作伙伴实践数字化转型过程中观察到的普遍现象，也因此多费一些笔墨，把这一点背景罗列出来，供大家参考。

当然，人无完人，从历史资料的记载来看，范内瓦·布什起码在两个科学领域的判断事后被证明是有欠缺的。一个是对导弹发展潜力的判断，在战前他曾经表达过对导弹发展潜力的观点：“我不理解有任何严肃认真的科学家或工程师可以在导弹上搞出些什么名堂。”这里也有一个有趣的历史巧合，他所针对的是一个早期被称为“自杀小分队”的导弹兴趣小组，其中有一个来自中国的成员，他就是大名鼎鼎的钱学森。他的另外一个误判是对数字计算机前景的判断。1940 年 9 月，控制论创始人诺伯特·维纳找到布什，希望他能够支持开发一种数字计算机，但这个建议被布什否决了，理由是他不认为这台计算机可以在战争结束之前造出来。后来在 1943 年 6 月美国陆军提供了建造这种数字计算机的资金支持，并于 1945 年 12 月份造出了人类历史上第一台可编程电子通用计算机——埃尼亚克（ENIAC）。尽管第一台电子计算机的确是在战争结束之后才造出来的，但是他当初的这个决定，仍被视为是缺乏远见的。

说到范内瓦·布什，还有一个值得大家关注的就是他的工程师背景。在中国有一个现象，就是工程师作为一个职业，通常不被认为可以与科学家相提并论。但是范内瓦·布什对于自己的工程师背景是非常骄傲的，这种既重视基础科学研究，又重视工程实践的传统，从美国国家科学基金会成立 23 年后的 1973 年开始凸显出它的作用。根据科尔多瓦的回顾，自 1973 年开始，美国国家科学基金会在大力支持基础科学研究的同时，也开始极大地加强对于工程实践的投入，基金会的战略方向越来越重视技术成果的转让，还专门成立了工程研究中心和创新中心，这是科学研究与工程实践相结合的一个典范，值得大家进一步探讨与研究。

由这份报告带来的经验、体会、思考和探索，应该远远不止上述这些方面。基于这份报告在推动美国科学发展方面所产生的巨大作用和丰硕成果，读者不必只停留在阅读本书，最好以此为契机，彻底深入了解美国自二战以来是如何把握住社会发展的机遇，通过对基础科学研究以及工程实践的大力支持，一方面提升了广大民众的福祉，另一方面极大加强了国家的核心竞争能力，其中的经验与教训对现在这个剧变的时代，有非常现实的借鉴意义。

从各种现象来看，人类社会已经进入了一个新的动荡与发展阶段，根据托马斯·库恩的科学范式理论，我们大概正在经历一个从“常规科学”到“反常与危机”，再到“科学革命”的范式变革过程，这也是这些年诸如“黑天鹅”“灰犀牛”“灰度”“混沌”“熵”等词语不断成为人们口头禅的原因。

人类从本质上喜欢确定性，在这个确定性消失的时代，我们会彷徨，会迷惑；正因如此，以探索与实证为核心思想的科学精神和科学方法，正在受到全球越来越多的国家与民众的重视。这本是一个非常好的现象，但因重视之后所进行的反思与审视，反而告诉我们现状并不乐观。过去这一年，全球因为应对新冠肺炎疫情而发生的各种现象时刻提醒着我们，在人类经历了几百年的文艺复兴、启蒙运动和科学革命的洗礼之后，我们离真正的科学精神尚有距离。

2020 年是美国国家科学基金会成立 70 周年，《科学：无尽的前沿》也因此再次成为美国社会的焦点话题。美国国家科学基金会举办了大量的活动，宣传成立国家科学基金会的意义和它的发展历史，同时也再版了这份报告，并冠名为《科学：无尽的前沿（七十五周年版）》。令人欣喜的是中信出版集团承担起了时代的使命，将本书引进国内出版发行。相信本书必会在这个人类社会发展的关键时刻，对中国的科学事业产生重要的借鉴意义。当然，如果读者能够在本书的基础上，继续进行深入的探索和研究，那将能对中国科学的发展产生更大的价值和推动作用。

圣灯山与科学

周航

顺为资本投资合伙人

我是在四川丘陵深处的一个石油大院长大的，站在山顶上，可以看到这个数千人的大单位，呈十字状分布在山沟沟里。在这些丘陵沟壑中，有一座最著名的山，叫“圣灯山”。之所以叫这个名字，据说是古时候这座山总是莫名出现一股股蓝幽幽的火，过去人们无法用科学来解释，只能用“圣灯”解释这一现象。中华人民共和国成立后，开始大范围地开采石油资源。在四川，虽然没发现大规模的油田，却发现了丰富的天然气资源。所以这时候我们才明白，原来圣灯山下有天然气啊，于是就开始大规模地开发。山顶上建了一个炭黑车间，通过把天然气进行不充分燃烧产生炭黑，这是重要的工业添加剂。1958年3月27日，毛主席还特意视察过这里，后来这个车间被命名为327车间。

没有科学知识以前，我们管它叫“圣灯”；有了科学知识后，人可以大规模利用自然资源，制造一种人造的产品，同时也创造了数百人的就业机会，创造了财富，人聚集起来，有了城……

工业革命后，人类开始了真正的起飞模式，但在有科学之前，工业革命也是无从谈起的。国人还有个更微妙的心理，也正是因为工业革命，西方才超越了伟大的东方文明古国，所以才有了那个著名的李约瑟之问：“为什么15世纪之前，在获取自然知识并将其应用于人的实际需要方面更为有效的中国文明，到了15世纪却没有产生近代科学？”这让我们感到遗憾、困惑甚至不堪。

经历了风雨飘摇的近代数十年，国人终于在20世纪喊出了德先生与赛先生的呼声。我们开始走出去、引进来，拥抱科学，拥抱工业，筚路蓝缕百年，我们居然成了举世公认的制造业超级大国，为全世界制造无所不包且物美价廉的产品。年纪略长的朋友，可能记得改革开放是从“科学的春天”开始的，那时候，我们喊出了“科学技术是第一生产力”的口号，像我爸爸那样的知识分子从“臭老九”摇身一变成为国家建设的栋梁之材。几十年的砥砺前行，尽管财力时有不济，但尊崇科学，加大投入，掌握先进技术等意识，可以说从政府到企业和每个公民已形成高度共识。

时至今日，中国经济总量世界第二，多项产品产量、销量傲然世界，遍地超级工程，国人生活质量、幸福感、自豪感持续攀升。但在科学领域我们依然心中隐隐作痛，自然学科的诺贝尔奖仅有一位，而同是从儒家文化圈完成现代化进化的日本，则不断成为科学领域的核心国家，更遑论我们担心的关键技术、关键材料、关键设备被“卡脖子”的问题，这些都激发了我们对掌握核心技术能力的渴望。越是对科学技术拥有渴望，越是应该搞明白，到底是什么阻碍了我们和科学之间的关系？

是时间吗？是投入吗？是人才吗？肯定有这些因素，但如果只是这些因素，那解决起来其实很简单。

我们从政府到企业到大学、研究机构都已经前所未有地加大了科技投入，强盛的国力也吸引越来越多的海外学子归国，中国人的勤奋也会让等待的时间变得更短，我们需要做的只是更坚定地投入，更有耐心一些罢了。

但显然又不止这些因素。

我想我们是不是首先要较个真儿，问问到底什么是科学？以及它和技术、工程这些词之间的关系是什么？

在这里，我既不想引用百科上的词条解释，也不想试图自己定义它。请读者们自己思考一下，或者带着问题去看这本《科学：无尽的前沿》，寻找你的答案。

但为什么要问这个问题？我理解这本身就是一种科学精神，是在追根溯源。

越追求科学，越知道人类的无知。在浩瀚的宇宙世界，相比人类不知道的“不知道”，我们有限的认知简直少得不值一提。正因如此，在好奇心的驱动下，科学才永不止步地前进着。所以，我认为科学首先是非功利性的，就是人类单纯的好奇心。我们不应试图把问题简单化，用一个似是而非的认知框架去解释它，而是应该极度求真，搞清楚更深层的因果性和相关性。

科学的探索，往往也是现实问题的驱动。冷战结束了，人类太空科技的进展骤然变慢，二十年几乎毫无进展。直到近来，在人们对深空探索的好奇心和对人类摆脱地球束缚的渴望被重新燃起，对太空的商业利用有了新的认识后，又开始了新一轮的加速。竞争又带来更多的参与者，所以太空科技有机会有新的突破。

科学有着更多的偶然性。青霉素、伟哥、X 射线的发现，无不如此。当意识到科学探索的偶然性和不确定性，那就应给予科学家们充分的学术自由，他们应该有获得支持和满足自己好奇心的特权。

科学也是一门充满缺憾的学问。要认知一件事物，就不得不先建立一个认知框架去解释它。所以，它是有局限性的，甚至可能是错误的。我们曾经以为世界是以地球为中心的，我们曾经以为物体燃烧是因为某些物质中含有一种“燃素”，我们曾经以为伟大的牛顿的经典力学就是运动世界的全部真相。这样的例子在科学史上举不胜举，所以科学的不断突破进步也是建立在批判性思维和否定前人的基础上的。所以，在科学的世界里，不应崇拜权威，而应该允许和鼓励挑战、批判、争论。

科学的探索充满了未知和不确定性，一个科学家有可能终其一生也无法突破一个微小领域的认知，但这本身就是科学活动的宿命，所以我们要善待失败，对突破更加谦卑和敬畏，我们要允许在巨大持久的投入后依然可能没有突破的事实。这，恰恰是政府比企业能做得更多的地方。

我们一旦进入广袤的科学世界，一旦深入其中就会发现，学科分类就如同毛细血管一样，越是顶尖的人才，越是需要专注在一个具体而细微的领域持续长久地深入下去。但世界如此复杂，我们不得不面对更多的跨学科合作、跨国合作，共享科学研究的进展和成果，而任何一项科学突破，都可能会引发后续的技术和工程以及商业应用的巨大价值，这些都会造福全人类。因此，作为一个大国，更应以开放包容的心态去和全世界合作。我们可能在政治上有分歧，在军事上对抗，在商业上竞争，但在科学的道路上，我们几乎别无选择，只能选择合作，全面地合作。

我们必须承认，科学是属于少数高智力精英的游戏，但全民都应该有科学意识、科学精神。这样，我们可以更好地支持科学家去勇敢自由地探索。反过来，宽松有力的环境会让科学家给全社会回报和惊喜。我期待我们伟大的祖国在不久的将来，成为全世界科学家向往的热土。

中国正迎来新科技的跃迁

吴世春

梅花创投创始合伙人

我认为中国正处在一个新科技大爆发的时代，正在攀爬一棵巨大的科技树，点开每一个科技树的分支都会诞生中国的替代品，科技的创业和投资成为一门显学。

2008 年，当我投资“大掌门”的时候，如果有创业团队来和我讲“科技创新”“科技竞争力”，我会觉得时机还不成熟；时至今日，科创板已经是有近 300 家上市公司、总市值超过 4 万亿元的巨大资本板块。今天在我们的视野里，不但有像国盾量子、大疆无人机这样一批站在世界科技之巅的中国“面孔”，而且，我们投资的星河动力、科比特无人机等一批高科技创业项目也成长为“独角兽”——这些企业只用四五年就走过了那些知名外企 20 年甚至是 50 年的发展历程。5G、人工智能、量子通信、高铁、特高压这些新奇的科技概念在刚刚冲刷完我们的认知之后，马上就变成了生产力，长成了上市公司。“神女应无恙，当惊世界殊！”中国科技创新的进步速度，即使对我们投资人来说，往往也是出乎意料、赞叹不已。

但是，再往回想想，这也许就是属于这个时代的“中国速度”。100 年前，我们还是别人砧板上的鱼肉；80 年前，我们还在为民族危亡而殊死搏斗；20 年前，我们这批大学生还在为毕业后能进外企而兴奋；今天，我们国家已经是世界第二大强国，我们很有信心在 10 年之后赶超美国。昨天，我们落后挨打太痛了，所以一有机会，我们就会全力奔跑，不愿停下。今天，我们终于迎来了一个致力于科技创新、享受科技红利的盛世。从国家到地方，从研究机构到个人，每一个角色都迸发出创新的火花，每一个人都自信奋斗就会有回报。这里是开拓者的热土。

未来，如果我们已经是世界第一，如果“卡脖子”也成了过去时，还有什么是我们可以不断进取的动力？还有什么能够让我们在全球化的竞争中保持长期、稳定的优势？在5G、自动驾驶、量子计算机、攻克癌症甚至实现永生这些全民认知中的科技节点也被攻克以后，我们国家，甚至整个地球文明又该往何处去？科学研究！相信这是有识之士能够达成共识的唯一答案，也是能够不断为我们提供答案的唯一路径。

那再问细一层：

科学研究和就业的关系是什么？

基础研究和科技应用孰轻孰重？怎么平衡？

什么是最优的科学人才培养机制？

各级政府在科学研究当中的定位是什么？

我们如何有效率、有战略地组织科学研究？

……

当我抛出这些问题的时候，相信大家都会和我一样，摆出“囧”的表情。其实，这是一些没有标准答案的问题，在不同的时代、不同的国力背景下自会有不同的回答。但是，当我们都开始思考这些问题并寻求答案的时候，我们的科学研究将不再是跟随和借鉴，我们也开始为引领世界做好自己的准备。

1944 年底，在二战胜利在望之际，美国的罗斯福总统就未来、战后科学研究的发展战略，向他的“科研诸葛亮”范内瓦·布什提出了“问策”，而《科学：无尽的前沿》这份报告可以理解成范内瓦·布什就美国的科研战略提出的“隆中对策”。这份报告抓住了国际社会中不同国家间竞争的本质，即市场规模和生产率的竞争。而进入 20 世纪之后，生产率的提升就是科学技术推动的，科学技术是新时代政治、军事、经济、贸易的底层竞争力。正是这份政策报告奠定了美国在其后几十年重视科研投入、科技制霸全球的战略优势。

“以史为镜，可以知兴替。”76 年后我们重读这份报告，不是为了评判范内瓦当年战略的得失，而是希望能为我们未来的科研战略提供借鉴和参考。21 世纪，我们正从机械革命和电气革命步入信息时代和生命科学时代。在每一次技术换代的过程中都蕴藏着更大的创新机会，这对每一个民族、每一个国家、每一个社会乃至每一个公司来说，都是巨大的机会和挑战。

以科学精神指引产业化之路

胡郁

科大讯飞执行总裁

1999年，我还是一名中国科学技术大学的学生，在“863计划”所支持的智能计算机研究领域的重要课题中负责汉语语音库设计，并参与研制出中国第一台“能听会说”的中文电脑，从此踏上智能语音和人工智能源头核心技术系统创新的创业道路。很多人不知道的是，1999年正是人工智能第二次浪潮的谷底，而我们这批准备依托技术创业的“初生牛犊”对未知的前方也充满疑惑：依靠我们自己的双手能不能真正做出世界领先的技术？技术创新又该如何实现落地、解决社会刚需？近

20年来，我和我的同行者们一直在探索和求证。科技创新就像举着火把在黑暗中前行，要么率先燎原，要么最先熄灭，而我们必须敢为天下先。

现在来看，发表在70多年前的布什报告《科学：无尽的前沿》就证明了我们深耕科技创新道路的正确性：开展基础科学研究，相对保持在科技创新上的自由和自主，一定会给社会和经济带来广泛的效益。虽然布什报告是二战后美国科技发展的政策蓝图，但它超越了美国国界和特定情境，在中国同样具有参考和指导意义。

我将布什报告中的“如果没有科学进步，其他方面再多的成就也无法确保我们作为一个国家在现代世界中的健康、繁荣和安全”理解为“敢为天下先”。在人工智能方面，20世纪90年代我们经历了向西方学习的艰苦过程；进入21世纪，我们自己开始逐渐掌握研究方法，越来越接近世界先进水平，如今可以达到与世界并跑，部分领域领跑的水平。以智能语音技术为例，刚开始语音合成出来的效果是“一顿一顿”的，连续性不好，而语音识别和语音解析则更多地停留在实验室阶段。但是我们及时抓住了深度神经网络研究的契机并迅速跟进。2012年，通过将语音识别与移动互联网的输入法结合，攻克了语音识别的难题，让智能语音迈入实用门槛。从那时起，我们在中文语音技术上持续保持着世界第一的位置。但是我们的目标设立在更高更远的地方：不仅要让机器理解中文，还要理解世界各国语言，彻底解决不同语言之间的交流难题。

我将布什报告中的“基础研究会带来新知识。它提供的是科学资本，是所有实际知识应用的源头活水”理解为“顶天立地”。科学研究不仅要解决自己的问题，符合国家战略，还要能够解决全世界的问题。人工智能是国家战略中非常重要的一个基础环节，中国在这个环节上不能输给别人。解决问题的方法不再是作为一个追随者跟着别人学，而是必须找出自己的道路。从原来摸着别人的石头过河，到现在自己摸着石头过河。只有确立足够高的目标和追求，才能实现最好的技术和科研。同时，技术也要能够产业化，产品能够满足人们日常生活中的需求。

2013年，我提出将人工智能分成运算智能、感知智能、运动智能和认知智能 4 个方面，这个分类成为下一代人工智能一个非常重要的引领性指标。2014 年，我牵头推出“讯飞超脑”计划，研发基于类人神经网络的认知智能系统。通过让机器学习教育、医疗、司法等顶级专家知识，达到一流专家水平，实现在具体问题上辅助人类决策的目的。例如在教育领域，机器阅卷自动评分技术在重点考试的实际数据验证上，已经达到与人类专家评分高度吻合的水平。科大讯飞“智医助理”成为全球首个通过国家临床执业医师资格考试的医学人工智能系统，通过“智医助理”构建的人工智能辅助诊疗系统，在医生诊断过程中给予医生辅助诊断建议与相关知识推送，从而提升医生特别是基层医生的诊疗能力和服务水平。现在，“人工智能 +”的时代已经到来。我们希望通过核心技术、行业专家和行业大数据三者“合体”的人工智能系统来为每个人赋能。未来要让人工智能像水和电一样，成为每个人都能使用的助手。要让每一个人站在人工智能的肩膀之上，而不是被时代所淘汰和颠覆。

作为一名企业家和科技工作者，我认为布什报告反映了科技创新的本质和产学研共同体的共识与精神。中国经过几十年的发展，现在有机会在世界舞台上同最先进的国家同台竞争。在这个过程中，我们需要有“敢为天下先”、“顶天立地”和“板凳能坐十年冷”的态度，设计研发出中国真正顶天立地的科学技术、产品、商业模式，能够到国际市场上竞争，并赢得在国际竞争中的话语权。

前沿无止境的科学

樊春良

中国科学院科技战略咨询研究院研究员，中国科学院大学教授

1945 年 7 月，在第二次世界大战即将结束之际，范内瓦·布什的《科学：无尽的前沿》发表，这份报告是应罗斯福总统的要求而写的。在雷达、青霉素以及随后的原子弹在二战中向世人展示它们的决定性作用的时刻，这份报告把发展科学技术作为美国战后建设的一个核心任务提出，为战后美国科学技术的发展指明了方向，成为美国科技政策的蓝图和里程碑。76 年来，这份报告成为无数研究、报告、分析、解释和评论的主题，有人甚至把它比作科技政策的圣经，它的理念和思想影响着美国

科学技术的发展，成为美国科学界的精神财富和共同语言。每当美国科学技术发展遇到关键的挑战和危机时，人们总是会提起和引用这份报告，汲取新的思想力量，应对危机和挑战。最近的一个例子是，2020 年 5 月 21 日，美国两党两院四位议员联合提出《无尽的前沿法案》（Endless Frontier Act），提出采取新的措施使美国到 21 世纪中叶仍然保持世界头号科学技术强国的地位。这份报告是我们认识和理解美国科技政策和科学技术发展的一个视角，它所论述的问题（科学与国家目标，政府在科技发展中的作用，基础研究的作用，科学人才的培养，自由探索精神等）具有普遍性，超出了美国国界，对世界上其他国家的科技政策也产生了很大的影响。

可以从三个层面认识布什报告：（1）战略层面：科学技术在国家发展中的地位和作用；（2）政策层面：政府在科学技术发展中的角色和职责；（3）关于科学和技术的具体论述，如基础研究。在 76 年的发展中，布什报告的战略性和关键政策思想始终保持着强大的生命力，一些具体论述则得到不断修正和更新。

作为边疆的科学

美国的发展伴随着一批勇敢的拓荒者对未知疆域的不断开拓，“边疆”在美国的实际发展和思想史中具有重要的地位。

美国早期的发展史是边疆不断扩展的历史。在向西部扩展的进程中，殖民者逐渐摆脱了欧洲的影响，形成了美国的特征和生活方式。边疆的推进让美国成为各民族的大熔炉，促进了美国的社会发展和民主进程。向西部边疆的推进，不仅通过获得自然资源、军事安全、新的社会-文化空间和未来发展的可能性，推动了现代美国的发展，而且赋予“边疆”象征性的含义。历史学家特纳提出了著名的边疆假说（Frontier Thesis），认为美国的进步是与边疆联系在一起的，边疆是美国进步的象征，包含地域扩展、文化演进和民主形成，构成了一个蕴含丰富想象和意义的隐喻词语，远超“边疆”一词的客观描述。特纳论点强调边疆在美国传统中的重要意义，成为许多美国人看待美国社会进步的一个视角。

边疆的思想在二战期间与科学技术联系到了一起。1944 年 11

月，在欧洲战场取得决定性胜利之后，罗斯福总统给时任科学研究与发展办公室负责人的布什写信，要求就如何把战时的科学技术经验用于即将到来的和平时期提出建议。在提了四个问题之后，罗斯福写道：“我们的面前是各类思想的新前沿，如果我们以应对这场战争所用的同样眼光、勇气和干劲去开拓，我们就能创造更为充分更加丰富的就业机会和生活。”

布什的报告完全响应了罗斯福的要求。布什赋予这份报告一个富有想象力的题目——《科学：无尽的前沿》，展现了科学的前景——作为“无尽的前沿”的科学将会取代美国西部物理上的边疆，成为国家经济发展、提高生活标准和推动社会变化的新动力。“政府应该鼓励开辟新的边疆，这已成为美国政策的一部分。它为快船打开了海域，为开拓者提供了土地。虽然这些边疆或多或少已经消失了，但是科学的边疆仍然存在着。应该使这些新的边疆变得容易接近而由所有的美国公民来发展它，这是和已经创造出合众国伟大形象的美国传统相一致的。”

布什在呈送函中回应罗斯福：“开拓精神仍旧在这片国土上激荡。开拓者掌握着完成任务的工具，而科学则为开拓者提供了大片尚未被充分开发的腹地。这样的探索对国家和个人都大有裨益。无论是对保证我们国家的安全、保障民众的健康，还是对创造更多的工作岗位、提高生活水平以及实现文化进步而言，科学都是其中至关重要的一环。”

这样，科学成为美国发展的新边疆，与美国边疆的传统和意义接续，获得正当的合法性，成为推动美国进步的一个动力，成为美国战后战略计划的重要部分。

科学技术成为美国的新边疆，创造美国的新边疆成为美国政府支持科学技术的一个常用修辞。肯尼迪总统把空间探索称为美国的新边疆。乔治·布什总统在 1992 年说道：“在很多方面，对于科学和技术的投资反映了根深蒂固的美国观念——创造美好未来的可能性，同心协力，那个美好的未来——无尽的边疆——就在我们面前。”

布什报告的思想和影响

《科学：无尽的前沿》一出版，迅速受到媒体的广泛支持和赞扬，超越了党派、地理和意识形态的局限。布什报告提出的计划随后成为战后美国科学政策的基石，达到了一种“永恒的、抽象的”境界。

布什报告之所以取得成功，有三个因素：一是题目抓住了美国人的想象力；二是直接针对美国人最关心的问题（抗击疾病、就业和国防等）提出公共资金支持科学的理由；三是提出了联邦政府新的责任。

布什报告基于战时美国发展科学技术的经验，针对刚经历大萧条痛苦和战争洗礼的美国人关心的问题说话。这份报告开头就说“战争期间在抗击疾病方面取得的进步依赖新知识的涌现”，接着举出科学征服疾病的各种例证，证明政府应该增加支持医学科学研究。布什还提到科学对于就业和国防的重要意义。这些都是政府和公众关心的话题。概括地说，这份报告有三个基本假设：（1）新的知识对于保证人民健康、国家安全和公共福利是必不可少的；(2) 新的知识要靠基础研究，基础研究是一切知识的源泉，基础研究的发展必然会为社会带来广泛的利益；（3）科学共同体需要保持相对的自主性和探索的自由，以免受政治和其他利益集团的压力，保证科学知识的进展。据此，报告提出，政府应当承担起新的责任：促进新科学知识的涌现和培养青年科学人才。报告建议，建立一种能保证稳定长期计划、保障维护探索自由的独立的支持机构——国家研究基金会，专门支持科学研究工作和高级科学教育。布什把大学作为战后科学政策的中心："首要的，正是在这些机构（大学）中，科学家可以工作在一个相对免于不利的惯例、偏见和商业需要的压力的环境中。它们提供了相当程度的个人思想自由……"

布什报告包含了几个重要的思想：（1）科学的社会契约思想。政府为科学家提供资金开展基础研究，保证科学家的自主性和探索的自由；科学家开展研究，研究的结果会带来经济和社会效益。换句话说，政府只要给科学家充足的资金和适当的自由，就会收获科学研究结果所带来的实际利益。（2）科学研究的自主性和探索的自由。这不仅是科学界的传统，也是战争期间科学研究与发展办公室的经验：由民间科学家自主管理。（3）基础研究的重要性。布什第一次把"基础研究"这个词带到政策界和公众面前，突出了基础研究的重要意义。

布什报告提出政府组织和支持科学研究与教育的设想，这在当时的美国是一项制度创新。要知道，在二战前，美国联邦政府并不把支持科学技术作为自己的责任，它对科学技术的支持都是作为实现政府目标的手段（如为支持农业发展而支持农业科学技术），并且没有长期性和系统性。在战后，科学界既担心联邦政府的支持是短暂的，又担心联邦政府的资助会伴随着干涉。布什提出的政府支持是一个“社会契约”方案：政府资助科学技术，特别是基础研究，主要通过对大学的资助实现，同时保持科学家的探索自由。

虽然范内瓦·布什关于建立单一的支持全国基础研究机构的组织设想并没有成功，但是其观点却取得了胜利。在二战后，联邦政府成为科学的主要赞助者，建立专门资助基础研究的国家科学基金会，与国防部、原子能委员会、农业部和国家卫生研究院形成支持科学技术发展的多元化机制。联邦政府支持科学技术的经费不断上涨，特别是 1957 年受苏联第一颗人造卫星斯普特尼克冲击之后，创立国防部高级研究计划署和国家宇航局，对研究发展的支持大幅上升，1957—1966 年投资额达到美国历史上的高峰。科学家不仅有充足的经费，而且享受高度的探索自由。国防部等部门在大量的资助中并不干涉科学家的研究，而是鼓励科学家从事自己认为值得做的研究。正像布什提出的，这个科学体系应该与培养新的科技人员结合起来，产生基础的科学技术知识，把人才和知识作为副产品转移给企业，由市场决定它们的经济和社会用途。结果，政府对大学的多元化投资在尖端电子、空间技术和医药等领域形成了实质性的力量，产生了巨大的科技实力和经济效益。战后在联邦政府的支持下，美国大学迅速成为世界一流大学，而在二战之前，美国的大学研究还是第二位的。

在这份报告发表 55 周年、国家科学基金会成立 50 周年之际，国家科学基金会的管理机构——国家科学委员会（NSB）发表特别报告，指出："《科学：无尽的前沿》并没有打算成为美国科学政策的蓝图。事实上，它的持久影响可以由这样的事实解释：它集中在关键的领域，并且令人信服地向前推进了它。这些思想中最持久的就是后来成为'科学政策'的那类：研究的资助水平、资源、激励和优先设置，为科学与工程发展和使用人力资源。"

布什报告的不足和争议

布什报告的观点在 20 世纪 80 年代以后开始不断引起争议和讨论。首先是对基础研究不考虑实用目的以及基础研究与应用研究分离和线性模型观点的争议。1986 年，沙普利和罗伊出版了题为《迷失在边疆：美国科学和技术政策的偏离》的著作，认为联邦科技政策遵循布什报告，强调自主的基础研究，只是一部分内容，而应用研究、工程学、技术、科学教育以及基础与应用之间的相互联结被忽略了。他们认为，以上每一部分都是重要的，应该平等对待。他们进一步提出，基础研究不单单是没有指向的，还有有目标导向的基础研究。这之后，一些学者从不同的方面对布什的基础研究观点提出异议、批评和讨论。在对布什观点的批评和讨论中，产生了一些新的思想和观点。著名的有克莱因和罗森伯格提出的创新链式模型，该模型提出创新是一个发明、设计和生产相互作用的过程，科学只是一个因素；斯托克斯提出的著名的巴斯德象限指出，在纯基础研究（玻尔的工作）和纯应用的研究（爱迪生的工作）之外，还有一类研究是应用激发的基础研究，可以称作巴斯德象限的研究。之所以称作巴斯德象限，是因为巴斯德在生物学的许多前沿性基础工作上的动力是解决实际难题。根据科学研究的象限模型，必然引申出新的科学政策导向：重视巴斯德象限，即对应用背景引发的基础研究从政策、项目组织和社会评价上予以重视，建立科学与社会之间新的联系。对布什基础研究观点的讨论一直延续至今。2016 年，哈佛大学教授文卡特希·那拉亚那穆提出版了《发明与发现：反思无止境的前沿》，批评线性模型，提出了发明-发现循环模型。

第二个有争议的问题，是科学的社会契约问题。这一问题的争议更多地来自政策界。在冷战前，基础研究在国家安全的保护伞下，科学的社会契约享有合法的地位，但随着冷战的结束，基础研究需要重新定向，为社会经济发展服务。政策界开始要求基础科学面向国家目标，解决社会相关的问题。也就是说，科学与社会的签约关系需要重新签订。基础研究与国家目标关系引起了激烈的、引人瞩目的大讨论，从乔治·布什政府的最后几个月开始，到克林顿执政最初的一年半达到顶峰。在这场讨论中，新的科学政策逐渐成形。1994 年，白宫发表了《科学与国家利益》；1998 年，美国国会发表了《开启我们的未来——走向新的国家科学政策》。这两份报告重新考察了在经济、政治和社会变化形势下的科学政策的关键文件，提供了一个新的转型时期美国科学政策的框架，核心的因素包括：科学为社会服务，保持对研究的投资，增强研究体系的活力，加强人力资源建设，强调公共投资的负责性，与全社会建立伙伴关系，加强国际合作。科学与社会的契约关系是一个发展的过程。美国学者罗杰·皮尔克2010年在《自然》发表的回顾《科学：无尽的前沿》发表65周年的纪念文章中写道："单纯的言语（指新提出的各种基础研究概念）无法弥合科学家和政治家在追求研究方面的分歧：政府要求相关性，科学家希望自由。迄今为止，徒劳地寻求与当今需求相关性的言语，反映并强化了科学政策悬而未决的性质。《科学：无尽的前沿》发表已经60多年了，研究和政策已经发生转变。我们讨论的框架需要跟上。"

回顾起来，布什的论述有着历史情境的考虑，我们不能脱离时代背景去理解。例如，布什强调基础研究的重要性，强调基础研究没有特定的用途，是有他的针对性的。布什是一个工程师，而不是科学家。他显然知道基础研究与应用研究是不可分的，可是为什么他那么强调基础研究呢？布什的意图在于加强基础研究。二战之前，美国的基础研究很弱，政府也不支持。事实上，美国战争期间最突出的成就，如原子弹，基本上是基于欧洲人提出的科学原理。在从事原子弹研制的科学家中，大部分是在国外出生和受教育的，或者是在欧洲实验室中成长起来的。这次战争的经验使布什认识到战争期间产生的技术奇迹深深依赖于基础研究。通过二战，布什知道，工业界和军队都没有耐心和眼光支持“纯”科学的研究，但这两个领域都要依靠新的科学知识来刺激经济的增长和新武器的研制。布什一方面看到应把基础知识和应用知识结合起来，另一方面却相信战争已经耗尽了国家的基础科学，而美国实践文化更倾向于促进科学技术的应用而不是科学知识的创造，因此，必须大力加强和持续保障对基础研究的支持。而且，布什关于基础研究的论述在很大程度上是正确的。著名的科技专家哈维·布鲁克斯提醒美国人，放弃线性模型是个错误，它在一些标准下是有效的。

布什报告思想的持续影响

布什在 1960 年《科学：无尽的前沿》第一次重印本的前言中

这样写道：“这项工作代表了一群杰出科学家和其他方面学者的集体努力，他们把自己的特殊经验和知识用来解决战后科学研究发展计划的难题。”布什报告的思想反映了科学共同体的共识和精神，反映了科学研究和教育的一些本质特征。

冷战结束之后围绕布什报告的激烈讨论和争论，一方面让人们看到布什思想的不足，激励一些新的思想产生；另一方面，布什报告的基本观点得到重新确认。1994 年的报告《科学与国家利益》首先充分地肯定了布什在 1945 年阐述的科学投资战略思想：科学是一种具有丰厚利润的、无尽的、可持续的资源，“政府应当承担起促进新的科学知识的产生和培育青年科学家的职责”。历经半个世纪，这句至理名言已得到一次又一次验证。对基础科学的回报是巨大的。“科学确实是一个没有止境的前沿……科学还是一个取之不尽的资源”。报告指出：科学不仅对布什报告中所指出的国家安全、经济繁荣和人民健康是重要的，而且对新的国家利益——环境也很重要；科学知识是实现国家目标的必要条件，不过布什报告隐含的线性模型不再有效，而基础研究、应用研究和技术发展之间存在着相互依赖的密切关系，任何一方面的进步取决于其他方面的发展。

2001年，美国发生“9·11”恐怖袭击，科技界积极响应国家向恐怖主义宣战的号召，迅速投入反恐和保卫国家安全的行动中。同时，美国许多联邦机构和部门纷纷采取关于反恐的科学技术行动措施。一系列新的技术很快研制出来，并用于反恐活动。一时间，反恐成为科学的“最后的边疆”。2002年4月11日，在“9·11”事件发生半年后，美国总统科学顾问、科技政策办公室主任、物理学家马伯格教授在美国科学促进会（AAAS）举行的第27届科技政策讨论年会上发表了题为“‘9·11’之后的科技政策”的演讲，他指出，科学技术应用于反恐非常重要，但用于降低恐怖袭击危险和后果的手段大部分已经内在地存在于今天可以利用的科学知识和技术能力中。马伯格指出，虽然反恐包含重要的研发成分，但一般来说这一成分不会成为科技发展的重要驱动力。他说，科学是以自身强有力的动力前进的，由此产生出解决诸多社会难题的方法，包括反恐。联邦政府对科学的支持必须首先以保持这一动力为指引，其次要抓住它为发现和改进人类条件所创造的机会。马伯格称这是“以科学为基础”的科技政策，它不同于“以问题为基础”的科技政策。科学具有先导性，它会沿着与任何社会目标都没有明显关系的轨道前进，但由它带来的新技术却对社会发展做出了巨大贡献。我们从马伯格这番讲话中再一次听到范内瓦·布什声音的回响。这种声音提醒美国人，越是关键或紧急的时刻，越需要看得更多、看得更远。

未来的边疆在哪里?

进入 21 世纪，科学技术在美国政府中仍然有很高的地位。小布什政府虽然因在气候变化方面的退步和人类胚胎干细胞研究方面的保守而深受科学界和社会的诟病，但在信息技术、生物技术和纳米技术方面则保持强大的投入。也许很多人想不到，小布什政府时期是美国研发投入的第二个高峰期，仅次于 20 世纪 60 年代所谓的黄金期。奥巴马政府大为重视科学技术，奥巴马在未正式就职之前，就确定了总统科学顾问人选——在气候变化研究方面颇有建树的哈佛大学教授霍尔德伦，这是前所未有的。霍尔德伦在正式就职之前，在美国国会就科学技术政策做见证时提到了范内瓦·布什的名字，说正是麻省理工学院的布什关于科学技术发展的一系列建议为美国在二战中获胜起到了关键的作用。奥巴马总统的科技政策目标雄心勃勃。他竞选时承诺，在未来 10 年里把主要科学机构的研究预算翻一番。但实际上，除了第一财年（2009 财年）美国在《恢复和再投资法案》的推动下，科研经费大幅上涨，其他年份经费并没有得到增加。奥巴马政府在气候变化和新能源方面推出了一些新的计划，加大了对“脑计划”的支持，提出精准医疗计划，在国家层面启动人工智能研发战略。奥巴马政府与科学界的关系进入一个新的和谐时期。

2016 年 11 月 9 日，特朗普出人意料地当选为美国第 45 任总统。美国科学界与政府的关系由此发生了巨大的变化。特朗普政府一改往届政府对科学技术大力支持的立场，力图大幅削减科研经费，冷落政府中的科学家，否认国际科学界公认的气候变化。他迟迟不任命总统科学顾问，引起科学界的极大不满，以至于在 2017 年 4 月 22 日，数千名美国科学家在华盛顿冒雨举行“为科学的游行”，打出“科学使美国伟大”的标语。经过两年冲突，到 2019 年，科学界与特朗普的冲突得到缓和。2018 年，美国推出太空、生物、网络等多项科技计划，12 月通过《国家量子倡议法案》；2019 年 2 月启动国家人工智能倡议。让科学界感到高兴的是，2018 年 8 月，在经历了历史上最长的等待后，特朗普提名气象科学家德罗格梅尔担任科技政策办公室主任，2 月 11 日，也就是国家人工智能倡议签署的同一天，德罗格梅尔在副总统彭斯的主持下宣誓就职，正式入职白宫。

2019 年 2 月 13 日，德罗格梅尔选择在美国科学促进会年会上做了他的第一次公开演讲。他演讲的主题是“美国科学研究的未来”。他从范内瓦·布什的《科学：无尽的前沿》谈起。他说：“我选了一个与今天的主题明显相关的起点，这就是美国在二战结束前的状况。”德罗格梅尔称，他之所以喜爱这份报告，不是因为它是一个战略计划，而是因为它为美国创建了一个由三项支配性原则组成的战略框架：第一个原则是科学进步对于发展所有关键领域的新知识是至关重要的；第二个原则是联邦政府在资助基础研究方面应发挥独特的作用；第三个原则是，除了真正需要保密的信息，其他信息都应该公开。德罗格梅尔说，正是布什博士帮助设计的框架，使美国取得了迄今为止远远超过二战结束时的巨大成功。他用一系列数据说到美国研究事业的发展，赞扬私人企业对研发的投入后来超过了联邦政府。他说：“由私营部门资助的基础研究确实有大幅增长。2015 年，私营部门为基础研究提供的资金超过了联邦政府，这在美国历史上是第一次。这不是因为联邦政府停止了对基础研究的资助，而是因为美国公司有创造的自由，有投资和探索新想法的自由。”他强调，这正是从布什的报告中得来的。

德罗格梅尔称，美国正在进入第二个伟大的英雄时代，正在进入新的科学和技术的边疆。他提出了所谓第二个英雄时代的三个支柱：长远规划、伙伴关系和环境研究。

这一番鼓舞士气的讲话，美国科学界有许多年没有听到了。德罗格梅尔满怀信心，谈他对未来的设想。然而，美国科学技术虽仍居世界第一，但已出现下滑趋势，不仅投入和产出的份额相对下降，而且在若干关键领域开始落后（如 5G 通信），美国科学界和政府对此都很焦虑。美国政府把中国作为一个主要竞争对手，设立种种限制措施。

美国科学界继续多年来对美国科学技术事业未来的思考和讨论。2020 年 2 月 26 日，美国国家科学院、工程院和医学院召开纪念《科学：无尽的前沿》75 周年研讨会——“无尽的前沿：下一个 75 年的科学”。与会者都认为，70 多年来，美国在科学创新和研究方面一直处于世界领先地位，这在很大程度上要归功于布什在 1945 年的报告中提出的战略设计。但是报告中的许多方面不再有效，它奠定的结构性框架在 2020 年需要更新。从美国国内来看，研究资助，特别是政府对基础研究的资助正在减少，更集中在短期效果，联邦机构正在砍掉科学顾问组。国家、研究机构、科学共同体和公众如何响应这些变化，将决定美国的政治地位。从国际来看，全球更多竞争者开始出现。与会者谈到中国的发展，谈到中国一些促进科技发展的好的做法，也谈到美国科技发展的不足，认为中国已成为美国强大的科技竞争对手。对于限制美国与中国的合作，许多人感到很纠结：美国应该限制知识转移，还是继续合作？而合作是促进科学发展最有效的方式。大多数学者表示愿意与来自中国和其他国家的研究人员进行更多的合作。与会者对来美国的国际学生数量的下降表示忧虑。研讨会的与会者同意：美国需要一个长期的联邦科学计划、一个跨越未来许多届政府的计划、一个既具有保护性又具有雄心壮志的科学路线图。

2020 年 5 月 21 日，美国参众两院提出《无尽的前沿法案》，提议在美国国家基金会设立技术学部，赋予它特定的使命和职权，提供1000亿美元用于战略性地推进科技研发，并拿出100亿美元用于在全国各地建立区域性技术中心，以启动新公司，重振美国制造业，创造新的就业机会，推动当地社区的发展。这一法案的目的是努力保持美国科学技术直到21世纪中叶在全球的领导地位。在目前美国民主与共和两党在许多重大议题持对立立场的政治环境下，这份两党、两院共同推动的法案格外引人注目。消息一出，立即引起美国国内外广泛的关注，2020年6月5日出版的《科学》杂志发专文评述了议案的影响。

提案者认为，当今美国科学技术的领导地位正在受到侵蚀，原因之一是美国虽然做出了许多具有潜在性的创新，但缺乏关键的公共投资以打造美国新技术的实力；如果在基础科学研究、教育和培训技术转让和创业等方面没有大幅增加投资，没有遍布全国的更广泛的美国创新生态系统，美国的全球竞争对手赶超美国只是时间问题。无论哪个国家在关键技术方面胜出，比如在人工智能、量子计算、先进通信和先进制造业领域，都会成为未来的超级大国。美国政府需要通过推动经济增长来促进美国的创新，加强新技术的发现、创造和商业化投资，以确保美国在未来工业中的领导地位。

《无尽的前沿法案》与布什报告的精神一致：科学技术的领先要靠政府的公共资金的大力投入。76 年前，《科学：无尽的前沿》提出政府的公共资金要大力支持基础研究，支持科学教育，支持大学。如今，《无尽的前沿法案》提出政府的公共资金要支持关键技术领域的研发，支持区域技术中心建设，这超出了传统的美国政府资助科学技术发展的理念。

这是迈向新边疆的第一步吗？

（本文原刊于《科技中国》2020 年第 7 期，略有改动）

致　谢

关于布什和他的《科学：无尽的前沿》以及它们对于今天的意义，许多人都曾做过仔细的思考。我也就此和一些颇有智慧与见地的人士进行过讨论，他们的观点让我受益匪浅，同时我也非常感激他们能如此慷慨地分享自己的时间和意见。有些人大体上同意我的想法，有些人则不太同意。尽管容易挂一漏万，但我在这里还是想对以下人等表示衷心感谢：

格雷森·巴伯、罗杰·拜比、乔安妮·卡尼、罗伯特·库克–迪根、安吉拉·克雷格、桑德拉·费伯、凯瑞·芬克、迈克尔·戈尔曼、德克·哈托格、马特·胡里汉、莫林·科尔尼、小泉敬、杰夫·劳伦蒂、简·卢布琴科、迈克尔·路贝尔、雪莉·马尔科姆、彼得·迈耶斯、尤奇·摩尔、彼得·纳尔蒂、吉姆·波特巴、诺玛·罗莎多-布雷克、约翰·萨金特、海蒂·施韦因格鲁伯、桑迪·夏皮罗、丹·夏皮罗、托比·史密斯、阿尔伯特·泰奇、迈克尔·特纳、克里斯·沃尔普、海蒂·威廉姆斯、格雷格·扎卡里以及几位匿名评论者。

我特别感谢普林斯顿大学出版社的物理科学编辑杰西卡·姚和文字编辑艾琳·哈茨霍恩，她们给予了我耐心和出色的指导；我也尤其感谢我的妻子玛格丽特·兰斯菲尔德；没有她们，就不可能有这本书。

拉什·D. 霍尔特

注 释

1. Vannevar is pronounced van-EEE-var (rhymes with beaver), not VAN-eh-var. There is excellent biographical information about Bush in G. Pascal Zachary, *Endless Frontier: Vannevar Bush, Engineer of the American Century*, MIT Press, 1999; Daniel Kevles, *The Physicists: The History of a Scientific Community in Modern America*, Alfred A. Knopf, 1977; and in the brief publi-cation of the National Academy of Sciences, *Vannevar Bush, A Biographical Memoir* by Jerome B. Wiesner, 1979. Bush's autobiographical reflections can be found in *Pieces of the Action, Arms and Free Men,* and *Science Is Not Enough*.
2. From the *New York Times*, quoted in Kevles, *The Physicists*, p. 300.
3. Albert Teich, "In Search of Evidence-Based Science Policy: From the Endless Frontier to SciSIP," *Annals of Science and Technology Policy*, vol. 2, no. 2, p. 13.
4. David M. Hart, *Forged Consensus: Science, Technology, and Economic Policy in the United States, 1921–1953*,Princeton University Press, 1998, p. 8; Bruce L. R. Smith, *American Science Policy Since World War II*, The Brookings Institution, 1990, p. 36.
5. Bruce L. R. Smith, *American Science Policy*, p. 43.
6. *Atlantic Monthly*, July 1945.

7. A legacy of Bush is the perceived distinction among basic research, applied research, and development, although the distinction did not originate with him. Much research funded by the government is formally divided into these categories and managed separately and differently. In 1967, two decades after Bush's report, Harvard physicist Harvey Brooks, and subsequently Princeton Dean Donald Stokes, pointed out that this "obvious" one-dimensional flow from basic research to product is not what always occurs. (Donald E. Stokes, *Pasteur's Quadrant: Basic Science and Technological Innovation*, Brooking Institution Press, 1997) Research that produces applied practical results can simulta neously lead to basic understanding, which means the process can equally well go in the opposite direction from the popular model. The model fails to recognize the interlocking R&D ecosystem with strong interactions and feedback. The mind and the motivation of the researcher are rarely divided into these categories. The distinction between basic and applied research as often used in government funding can hinder scientific progress. As expressed by Stokes, understanding and use become conflicting goals. In the practical development of products, the concept also presents problems. Entrepreneurs often speak of the "valley of death" where financial support is scarce to take a concept from discovery to commercial production. This is a manifestation of the mistaken view that innovation consists of distinct stages and a single direction of flow, rather than a complex ecosystem of interacting discovery, application, and development that needs systemic support. Whether financial support is from the government or private capital investors, a more holistic approach to research and development would be more productive. See Homer Neal, Tobin Smith, and Jennifer B. McCormick, *Beyond Sputnik U.S. Science Policy in the 21st Century*, University of Michigan Press, 2008, pp. 6–7; William B. Bonvillian, "The Problem of Political Design in Federal Innovation Organization," in Kaye Husbands Fealing, Julia Lane, John H. Marburger III, and Stephanie Shipp, eds., *The Science of Science Policy*, Stanford University Press, 2011; and Walter Isaacson, *The Innovators*, Simon and Schuster, 2014, pp. 219–21.

8. Harley Kilgore, "The Science Mobilization Bill," *Science*, vol. 98, no. 2537, August 13, 1943, pp. 151–152.
9. Vannevar Bush, "The Kilgore Bill," *Science*, vol. 98, no. 2557, December 31, 1943, pp. 571–577.
10. Kevles, *The Physicists*, p. 347.
11. Harley Kilgore, "Science and the Government," *Science*, vol. 102, no. 2660, December 21, 1945, pp. 630–638.
12. If both military and civilian research had been included in one agency it would have been a mismatch to the congressional appropriations structure, thus creating serious political problems, and furthermore, it would neither have prevented the military-civilian rivalry in the government nor the persistent dominance of military research funding that troubled Bush.
13. The strong public debate over whether to include social and behavioral sciences is discussed in Nathan Reingold, "Vannevar Bush's New Deal for Research: Or the Triumph of the Old Order," *Historial Studies in the Physical and Biological Sciences*, vol. 17, no. 2, 1987, pp. 299–344; Kevles, *The Physicists*; and Daniel J. Kevles, "The National Science Foundation and the Debate over Postwar Research Policy, 1942–1945: A Political Interpretation of *Science, the Endless Frontier*," *Isis*, vol. 68, no. 1, March 1977, pp. 4–26. The social and behavior sciences were excluded from the agency as created, and although they were added decades later, they suffered in relative funding, support, and prestige.
14. Audra J. Wolfe, *Freedom's Laboratory, the Cold War Struggle for the Soul of Science*, Johns Hopkins University Press, 2018, esp. pp. 32–33.
15. Budgetary data at http://www.aaas.org/programs/r-d -budget-and-policy.
16. *Science and Engineering Indicators*, National Science Board, 2020; and Kei Koizumi, "Evolution of Public Funding of Science in the United States from World War II to the Present," *Oxford Research Encyclopedia of Physics*, Oxford University Press, USA, March 2020, doi: 10.1093/acrefore/9780190871994.013.25.

17. Jonathan Gruber and Simon Johnson, *Jump Starting America, How Breakthrough Science Can Revive Economic Growth and the American Dream*, Hachette Public Affairs Books, 2019, p. 83, and with related dis-cussion and data throughout; also budgetary data at www.aaas.org/programs/r-d-budget-and-policy.

18. Daniel Lee Kleinman, *Politics on the Endless Frontier*, Duke University Press, 1995, pp. 74–99 passim.

19. H. Kilgore, *Science*, vol. 102, no. 2660, December 21, 1945, p. 630.

20. See, for example, *Charting a Course for Success: America's Strategy for STEM Education*, Committee on STEM Education of the National Science and Technology Council, December 2018, The White House, Washington, DC. https://www.whitehouse.gov/wp-content/uploads/2018 /12/STEM-Education-Strategic-Plan-2018.pdf The national strategy presents STEM literacy as one of the pillars of the strategic plan, along with filling the pipeline, yet most of the proposed administrative actions are directed toward building a large, capable, and diverse scientific workforce that can "sustain the national R&D enterprise." The report laments that China has more scientists and engineers than does the United States, yet does not lament the shortcomings in the public's embrace of science. It is telling that in the section on science literacy the commission writes of providing science education "*even* [emphasis added] for those who may never work in a STEM-related field." The emphasis is on reaching and training a cohort who will go into science and technology; the nontechnical public is a secondary consideration.

21. Lawrence Frank, "Research After the War," *Science*, vol. 101, no. 2626, April 27, 1945, p. 433–434.

22. John L. Rudolph, *How We Teach Science, What's Changed, and Why It Matters*, Harvard University Press, 2019, pp. 118–119.

23. Jennifer Kavanaugh and Michael D. Rich, *Truth Decay, An Initial Exploration of the Diminishing Role of Fact and Analysis in American Public Life*, Rand Corporation, 2018.

24. For a discussion of public trust of scientific evidence see, for example, Naomi Oreskes, *Why Trust Science?* Princeton University Press, 2019.
25. Google Scholar word search; and Timothy Ferris, *The Science of Liberty: Democracy, Reason, and the Laws of Nature*, Harper Collins, 2010, p. 102.